잠의 쓸모

초판 1쇄 인쇄 2022년 11월 10일
초판 1쇄 발행 2022년 11월 21일

지은이 뮈리엘 플로랭 | 그린이 쥘리 레가레 | 옮긴이 김수진
펴낸이 홍석
이사 홍성우
인문편집팀장 박월
책임편집 박주혜
디자인 디자인잔
마케팅 이송희 · 한유리 · 이민재
관리 최우리 · 김정선 · 정원경 · 홍보람 · 조영행 · 김지혜

펴낸곳 도서출판 풀빛
등록 1979년 3월 6일 제2021-000055호
주소 07547 서울특별시 강서구 양천로 583 우림블루나인비즈니스센터 A동 21층 2110호
전화 02-363-5995(영업), 02-364-0844(편집)
팩스 070-4275-0445
홈페이지 www.pulbit.co.kr
전자우편 inmun@pulbit.co.kr

ISBN 979-11-6172-854-4 44470
979-11-6172-845-2 44080(세트)

※ 책값은 뒤표지에 표시되어 있습니다.
※ 파본이나 잘못된 책은 구입하신 곳에서 바꿔드립니다.

뮈리엘 플로랑 글 | 쥘리 레가레 그림 | 김수진 옮김

풀빛

이 책에 도움을 준 과학자들을 소개합니다

● 클로드 그롱피에 Claude Gronfier

신경생물학자이자 리옹 신경과학 연구소에서 연구 활동에 매진하고 있는 프랑스 국립보건의학연구소 소속 연구원. 빛이 생체 시계에 영향을 미치는 메커니즘을 연구하며, 시간생물학 관련 질환 치료를 위해 빛을 이용한 새로운 전략 개발에 관심이 많다.

당신의 수면 패턴은?

늦게 자고 늦게 일어나는 성향이 있는 중간형 크로노 타입(특정 수면-각성 주기에 대한 자연스러운 성향)이다. 밤 11시에서 아침 7시 사이에 졸려서 잠을 잔다. 다행히도 잘 잔다. 다행이라고 생각하는 이유는 예전의 수면 위생이 늘 좋지는 않았기 때문이다. 지금은 수면 위생에 신경을 쓰고 챙겨야 한다는 사실을 잘 알고 있다.

● 폴-앙투안 리부렐

Paul-Antoine Libourel

생물학자. 리옹 신경과학연구소 SLEEP팀 소속 연구원. 수면 신경생물학을 연구하는 이 팀에서 그는 역설수면의 메커니즘, 기능, 진화적 기원을 연구한다.

당신의 수면 패턴은?

숙면하는 편이다. 많은 사람이 그렇듯 나도 만족스러울 정도로 많이 자지는 못한다…. 그래도 어디서든, 어떤 조건에서건, 필요하다면 잠들 수 있다.

● 필립 마르탱 Philippe Martin

뤼미에르 리옹2대학교 역사학과 교수이자, 종교·세속 고등연구소 소장이며, 론-알프스 역사연구소(CNRS, 리옹2대학교, 리옹3대학교, 그르노블 알프스대학교, 리옹 고등사범학교) 회원. 수면의 역사를 다룬 다수의 저서가 있다.

당신의 수면 패턴은?

일단 잠들면 업어 가도 모른다. 옆에 폭탄이 떨어져도 깨지 않는다. 평균 7~8시간 숙면한다. 2시간만 잘 수도 있고 방해하지 않으면 12시간 내내 잘 수도 있다.

● 스테파니 마자 Stéphanie Mazza

대학교수. 클로드-베르나르 리옹1 대학교에서 학생들을 가르친다. 인지신경과학과 신경심리학을 연구하며, 직장과 학교에서의 수행 능력과 수면의 관계에 특히 관심이 많다. 성인과 아동의 수면 장애가 낮 동안 미치는 영향 평가 연구를 진행했으며, 학교에서의 수면 교육 프로그램도 감독한다.

당신의 수면 패턴은?

대체로 잘 잔다. 밤 11시에서 아침 6시까지 자는데, 완전히 방을 깜깜하게 하고 잔다. 시계 불빛만 있어도 잠을 못 자기 때문이다. 내 침실에는 스마트 기기가 하나도 없다. 어쩌다 잘 자지 못하는 경우가 생겨도 크게 걱정하지 않는다. 나중에 더 깊게 잘 테니 괜찮다며 스스로를 안심시킨다.

● 로르 페테르-데렉스 Laure Peter-Derex

신경과 전문의이자 대학교 조교수, 리옹 크루아-루스 병원(리옹 대학 병원) 호흡기 질환 및 수면 의학센터 의사. 수면에 따른 신경질환 치료 전문가다. 수면과 각성-수면 이행 상태의 생리학, 신경질환(간질, 뇌혈관 장애 등)과 수면의 상호작용을 연구한다.

당신의 수면 패턴은?

잠이 적은 아침형 크로노 타입이다. 대체로 꿈을 잘 기억한다.

● 페린 뤼비 Perrine Ruby

리옹 신경과학연구소 뇌 역학·인지 팀 소속 연구원. 꿈, 수면, 사회적 인지에 관심이 많아 행동 기법과 신경 촬영법을 활용하여 연구한다.

당신의 수면 패턴은?

잠자는 것을 아주 좋아하고, 특히 꿈꾸는 것을 좋아한다.

프롤로그

아직 발견되지 않은 미지의 대륙

"잘 잤니?" "응, 잘 잤어."

우리가 흔히 나누는 아침 인사다. 대답은 이렇게 하지만 과연 잘 잔 것이 확실할까?

음식을 잘 먹었는지 아닌지는 확실히 알 수 있다. 배불리 먹었거나 덜 먹었거나 둘 중 하나니까. 너무 더운지, 너무 추운지도 느낄 수 있다. 하지만 잠은 정말 잘 잔 것인지 알 수 없다. 이걸 어떻게 확신할 수 있을까? 어찌 됐든 잠을 자긴 했으니 말이다. 의식은 어딘가로 빠져나갔으나 몸은 그대로 존재하는 상황. 우리는 다음 날 밤새 무슨 일이 일어났는지 도무지 기억하지 못한다.

그런데 거의 매일 아침 똑같은 의문이 드는 것을 보니 '잠'이라는 것이 틀림없이 중요하긴 한가 보다. 고대인들은 잠이 죽음만큼이나 힘이 강한 신이라고 믿었다. 잠은 정복할 수도, 범접할 수도 없는 존재였다. 당시 사람들은 그저 아침에 눈뜰 때 정신이 돌아오기만 하면 다행이라 여겼다. 왜냐하면 밤새 정신은 육체라는 집을 벗어나 떠돌아다니니까 말이다. 간혹, 정신은 돌아올 때 꿈을 가져오기도 했다. 그 안에는 잠에서 깨는 순간 닿을 수 없는 저세상의 수많은 메시지가 가득 담겨 있었다.

20세기까지만 해도 인생의 3분의 1에 해당하는 이 시간에 관한 연구는 거의 이루어진 바가 없었다. 잠은 억지로 찾아왔다가 물러나기를 반복한다. 마치 흐릿하게 보이지만 피할 수 없는 어떤 대륙이 규칙적인 간격으로 우리가 사는 세상에 불쑥불쑥 나타나는 것 같다. 하지만 잠은 엄연한 현실이다. 잠을 자지 않으면 문제가 생길 수 있다. 그래서 우리는 잠을 탐구하기 시작했다. 현대적인 방법을 동원한 결과, 잠이라는 대륙의 지리적 특성이 훨씬 더 구체적으로 드러나게 되었다. 그래도 우리는 잠을 자야 하는 근본적인 이유와 잠의 주된 기능이 무엇인지 여전히 찾고 있다. 이는 인간만이 아니라 모든 종種에게 공통된 문제이기도 하다.

누구나 매일 일정한 간격을 두고 잠이라는 대륙을 횡단한다. 이때 지나가는 길과 순서는 신경세포의 리듬에 따라 정해진다. 이 길은 평탄하기도 하고 험하기도 하고, 또 길거나 짧고, 울퉁불퉁하게 고르지 못할 때도 있다. 때로는 다음날 일과에 지장을 초래하기도 한다. 수면 앞에 모든 사람은 평등하지 않다. 그래서 우리는 수면을 위해 최선을 다해야 한다. 수면 역시 최선을 다하고 있다. 필요에 따라 생체 시계와 지구의 자전에 맞춰 조정하기도 한다.

하지만 잠은 제대로 된 대접을 받지 못하고 있다. 오늘날에는 일찍 잠자리에 드는 사람이 드물다. 어린아이들조차 그렇다. 어쩌면 요즘 어른들은 아이들에게 차분히 잠자는 법을 가르칠 줄 모르는 것 같다. 잠 없는 삶을 좋아하는 사회. 그런 사회에서는 많은 사람이 잠이 주는 특유의 즐거움을 잊고 산다. 깨어 있는 세계를 떠나 꿈의 나래를 마음껏 펼치며 잠에 빠져드는 쾌락을 모르며 사는 것이다. 그 시간이 절대로 헛되지 않은데도 말이다.

목차

1

잠은 죽음의 축소판?
그럴 리가!

그리스 신화에서 수면의 신 힙노스는 죽음의 신 타나토스와

쌍둥이 형제다. 그러니 수면의 신과 죽음의 신이

신기할 정도로 닮은 것도 무리가 아니다.

그 둘에 의해 일상에서 분리된 이들은 한동안 이 세상에서

제거되어 사라진 것처럼 보인다.

게다가 죽음은 영원한 잠에 비유되지 않던가? 잠잘 때 누운 자세로

전혀 혹은 거의 움직이지 않는다는 면에서 그러하다.

자는 동안 우리의 의식은 변하고 환경에 대한 인식 역시 달라진다.

그러니 부디 방해하지 말기 바란다. 무사히 살아 있는 거 맞으니까!

쌍둥이 신

힙노스와 타나토스는 그야말로 살벌하다. 힙노스는 잠을, 타나토스는 죽음을 강요하기 때문이다. 이들은 모든 생명체에게서 육체와 정신을 앗아 간다. 나이가 많건 적건, 힘이 세건 약하건 예외는 없다. 마치 붕어빵처럼 닮은 이 두 신은 밤의 여신 닉스의 아들들이다. 두렵고 강한 존재인 힙노스는 망각의 강인 레테강 근처에 있는 어둡고 조용한 동굴 속에서 산다. 간혹 손에 양귀비꽃을 들고 있는 모습으로 그려지기도 한다. 양귀비는 수천 년 전부터 수면제 효능이 있는 것으로 널리 알려진 식물이다. 마약인 아편과 모르핀이 바로 양귀비에서 나온 것들이다.

이렇듯 고대에 힙노스와 타나토스를 닮은꼴로 표현한 이유는 언젠가는 죽을 수밖에 없는 인간의 두려운 마음을 안심시키기 위해서다. 삶에서 죽음으로 가는 길에 대한 불안감을 떨쳐서 죽을 운명을 잘 받아들이게 만들려는 하나의 방법이었다.

그 결과 죽음(타나토스)은 곧 잠(힙노스)의 분신처럼 보이게 되었다. 이렇게 둘을 하나로 묶음으로써 모든 사람이 죽음에 대해 안심할 수 있게 만든 것이다. 심지어 철학자 소크라테스도 사형 선고를 받고 독약을 마시기 직전에 "아마도 죽음은 꿈을 꾸지 않는 하룻밤일 뿐."이라는 말을 했다. 물론 그가 마실 독약에는 틀림없이 정신을 몽롱하게 만드는 아편 향이 뿌려져 있었을 것이다. 그 후 2천 년이 흐른 뒤에도, 사상가 몽테뉴 역시 죽음을 "평화로운 밤"이라고 묘사했다.

이런 시각으로 죽음을 마주하면 죽음에 대한 불안감을 훨씬 덜 느끼게 된다. 결국에는 그저 한숨 깊이 자는 셈일 뿐이니까. 침대 위에서 평화로운 안식을 취하던 망자는 이내 묘지에 있는 자신의 무덤에 몸을 뉘게 된다. 묘지는 고대 그리스어로 잠자는 곳을 뜻한다. 결국, 세상을 떠나는 것은 그리 심각한 일이 아니다. '평온한 죽음', 이 위안을 주는 생각은 종교에 의해 발전되었다.

잠깐의 외출, 영원한 외출

종교에서 잠은 매일 살아 있는 자들을 세상에서 떼어 내는 것과 비슷하다. 어떤 인간도, 심지어 그 어떤 신도 잠에는 저항하지 못한다. 잠든 뒤 데릴라에게 머리를 깎인 삼손처럼, 누구든 잠 앞에서는 연약해진다. 이렇듯 인간이 잠이 들면 약해지는 이유는 그의 영혼이 밤에 탈출하기 때문이다. 육체가 누워 있을 때 영혼은 자기만의 삶을 살면서 잠이라는 주기적인 죽음을 겪어 내는 것이라고 여겼다.

이 원리로 생각하면 잠드는 사람과 죽어 가는 사람에게는 거의 같은 일이 벌어지는 셈이다. 다만, 잠과 죽음 사이에는 딱 한 가지 미세한 차이가 있다. 바로 잠과 달리 죽은 사람의 영혼은 육체로부터 영구적으로 분리된다는 사실이다. 종교는 이를 극적으로 과장하지 않는다. 그저 저승으로 넘어가기 위해 이승에서의 삶에 간단히 종지부를 찍는 것으로 본다.

물론, 신학자들 사이에 논쟁이 분분하다. 죽은 자는 부활을 기다리며 잠자는 것일 뿐이라고 주장하기도 하고, 사람은 죽은 후 며칠이 지난 뒤에야 잠들기 때문에 그동안 시신이 감각을 느낄 수 있다고 생각하는 사람들도 있다. 혹자는 영혼이 깊이 잠든다고 하고, 혹자는 영혼은 죽지 않고 자기 길을 계속 간다고 한다. 그리스도교의 영혼관이 바로 이것이다.

힙노스의 자식인 꿈은 잠이라는 아름다운 구조물을 단단하게 만든다. 밤이 되면 영혼은 때때로 다른 세상에 접촉하는데, 여기서 꿈이 만들어진다. 그런 다음 영혼은 다시 돌아온다. 아침이 되면 이 방랑의 흔적이 남게 되고, 사람들은 꿈을 신비한 저세상에서 온 메시지로 해석하곤 한다. 소스라치게 놀라면서 잠에서 깨거나 잠을 잘 자지 못한 경우에는 영혼이 밤에 육체를 벗어난 동안 힘든 일을 겪었기 때문이라고 생각했다.

죽은 듯이 잔다?

과학자들 역시 잠이 죽음과 비슷하다고 여겼다. 기원전 6세기 고대 그리스 시대에 크로톤에서 활약했던 의학자 알크메온은 잠은 동맥 속 혈액이 일시적으로 역류한 것으로, 죽음은 영구적으로 역류한 것으로 보았다. 아리스토텔레스는 음식의 열기가 뇌에 증기를 보내어 감각을 전달하는 관을 막은 결과, 인간이 "삶과 죽음의 경계에서" 중간 상태에 빠지는 것이 잠이라고 설명했다. 또한 "잠든 인간에 대해서 세상에 존재하지 않는 것인지 아니면 존재하는 것인지 딱 잘라 말하기 어렵다"라고도 덧붙였다.

16세기 프랑스의 역사가 스키피온 뒤플렉스는 잠에 대해 다음과 같이 설명했다. "깨어 있는 동안 영혼은 신체 기관과 매개체를 통해 자유롭게 활동하고 작용한다. 반면, 잠자는 동안에는 모든 감각이 매우 강한 끈으로 연결되고 묶여서 기능을 수행할 수 없게 된다. 이런 이유로 시인과 철학자는 잠을 가리켜 죽음의 이미지 혹은 죽음의 형제라고 불렀다." 이는 그 당시 사람들의 잠에 대한 보편적인 생각을 보여 준다.

의학 분야 역시 별다른 발전은 없었다. 2세기, 의학의 아버지로 불리는 갈레노스는 잠을 뇌에 필요한 휴식 시간으로 생각하고 접근했다. 그는 "잠은 영혼의 어떤 특별한 능력에서 나오는 것이다. 영혼은 철군을 명령하는 뛰어난 장수와 같다. 깨어 있는 동안 온몸의 사지로 흩어졌던 동물의 정신을 뇌 주변으로 다시 모아서, 동물의 활동과 운동을 어느 정도 쉬도록 만든다. 이런 주기적인 휴식이 없다면 동물은 오래 살지 못할 것이다."라고 말했다. 이때 "동물의 정신"이라는 개념은 오늘날 말하는 '신경 임펄스(신경 섬유를 따라 흐르는 전기 신호)'의 조상이라고 생각하면 된다.

마침내 뇌에 도움이 되는 수면의 유익한 측면이 주목받은 것이다! 그러나 갈레노스가 비춘 한 줄기 작은 빛도 잠의 이미지를 바꾸지는 못했다. 아무리 잠자는 동안 호흡계, 호르몬계, 효소계와 생화학 작용 전체가 유지되고 신경계만 다른 상태에 있다 하더라도, 수 세기 동안 잠은 여전히 사후세계의 경계에 있는 수동적인 상태로 취급받았다. 1827년, 스코틀랜드의 의사이자 철학자 로버트 맥니시는 그의 저서 《잠의 철학The Philosophy of Sleep》에서 "잠은 각성과 죽음 사이의 중간 상태"라고도 했다. 1855년, 프랑스 철학자 알베르 르무안은 잠을 "관계로 연결된 삶이 일시적으로 중단된 상태"로 여기며 이렇게 설명했다. "시계의 태엽이 멈춰야 다른 부품도 멈추듯 기계 전체, 즉 온몸이 멈추지 않는 한 심장은 계속 뛰고 허파는 계속 호흡한다. 하지만 자연은 절대로 실패하지 않으며 불가능한 법칙을 강요하지 않는다. 그렇기에 자연은 생명에 필수적인 기관들이 일하는 중간에도 휴식을 취할 수 있게 해 주었다."

요정 엘렉트라

동화 속 잠자는 숲속의 미녀처럼 과거에는 죽음과 흡사한 잠을 계속해서 잘 수 있다고 믿었다. 그러다가 요정 엘렉트라(전기 요정-옮긴이) 덕분에 이런 오래된 사고방식이 바뀌게 되었다. 이를 위해 영국의 의사 리처드 케이튼은 요정의 마법 지팡이 대신 검류계를 사용했다. 검류계는 약한 강도의 전류도 기록할 수 있는 기구다. 그는 검류계를 동물의 뇌에 연결하여 뇌 속에서 일어나는 전기적 현상을 발견했다. 그리하여 1875년에 뇌의 생물학적 기능 연구를 위한 기초가 마련되었다.

이런 새로운 길로 나아가려면 당시 철학계와 종교계, 의학계가 갖고 있던 기존의 사고를 바꾸고 과거의 믿음을 버려야 했다. 그렇게 새로운 길 끝에 도달한 결과, 수면은 여러 단계로 구성된 활성 상태라는 사실이 밝혀졌다. 그런데 이 결과에 이르려면 몇 가지 과정을 거쳐야 했다.

19세기 말, 프랑스 심리학자 앙리 피에롱은 잠이 오게 하는 물질—히프노톡신, 즉 수면 독소—이 있다고 추정했다. 이 가설은 오스트리아 신경학자이자 정신과 의사인 콘스탄틴 폰 에코노모의 연구 결과로 입증되었다. 잠은 단순히 자극을 없애는 것이 아니라 몸 내부에서 일어나는 본질적인 과정의 결과임이 밝혀진 것이다. 1928년에는 또 다른 장족의 발전이 있었다. 독일의 신경정신학자 한스 베르거가 인간의 뇌에서 생성된 전기 신호를 증폭하는 데 성공한 것이다.

수면 단계, 마침내 규명되다

그 후 30여 년이 더 흐른 뒤에야 마침내 중대한 이정표가 세워진다. 수면에도 서로 구별되는 다양한 상태가 있다는 것이 밝혀진 것이다. 20세기 중반에 이르러 점차 완성도가 높아진 기계들 덕분에 다양한 사실들을 발견했다. 특히 1955년에서 1959년 사이에 진행된 연구들 덕분에 수면을 분석하고 이해하는 데 큰 진전을 이룰 수 있었다. 이때 연구를 이끈 주인공들이 바로 시카고 대학교의 디멘트, 클라이트먼, 애서린스키 교수다. 이들은 안구의 운동, 낮은 전압, 빠른 뇌파, 전신 움직임의 감소를 동반하는 수면의 한 단계를 최초로 규정하고 이를 일컬어 '렘수면REMs(Rapid eye movement sleep)'이라 명명했다.

그 후 1961년, 프랑스 신경생물학자 미셸 주베는 뇌 활동이 활발하게 이루어지는 이 단계에 근육이 이완된다는 사실을 증명했다. 이로써 각성과 잠에 빨리 들지 못하면서 나타나는 '역설수면'은 잠자는 동안 뇌에서 일어나는 세 번째 상태로 밝혀졌다.

상호작용하는 메커니즘과 신경 전달 물질을 파악하는 것은 더욱 정교한 작업이다. 많은 탐구와 연구 끝에 각성 상태에서 수면 상태로, 또 수면 상태에서 각성 상태로 바뀌게 하는 시스템이 매우 복잡하다는 사실이 밝혀졌다. 자는 동안 우리의 의식

물론, 우리는 잠에 대해 완전히 파악하지는 못했다. 하지만 힙노스의 특성과 그의 쌍둥이 형제인 죽음의 신 타나토스의 특성은 다르다는 사실이 밝혀졌다.

과 주위 환경에 대한 인식은 감소하지만, 생명 활동은 온전하게 유지된다. 우리 뇌도 계속해서 에너지를 소비한다.

물론 우리는 잠에 대해 완전히 파악하지는 못했다. 하지만 수면의 신 힙노스의 특성과 그의 쌍둥이 형제인 죽음의 신 타나토스의 특성은 상당히 다르다는 사실이 밝혀졌다. 그리고 오늘날 이 힙노스가 야누스처럼 두 개의 얼굴을 가지고 있다는 것도 알려졌다. 서파수면과 역설수면이라는 자신의 두 얼굴을 인간에게 번갈아 보여 준다.

수면 치료

고대부터 수면은 고민과 관심의 대상이었다. 히포크라테스는 병을 진단할 때 잠을 진단 요소로 삼을 것을 권했다. 아리스토텔레스는 아예 잠에 관한 소논문을 썼다. 그 후, 11세기와 12세기에 전성기를 맞았던 살레르노 의학교에서도 수면 문제를 중요하게 다루었다. 밤사이 쌓인 미아즈마miasma, 즉 오염(세균이 발견되기 전 만병의 근원으로 여겨졌던 나쁜 공기-역자)을 제거하려면 아침에 창문을 열어야 한다고 믿었다. 또 수면 시간은 건강 상태에 따라 달라야 했다. 건강하면 6시간, 허약하면 8시간 수면을 취해야 했다. 자는 동안 음식으로 채워진 위와 심장을 압박하지 않기 위해 바닥에 등을 대고 똑바로 눕거나 오른쪽 몸을 바닥에 대고 옆으로 자는 것이 좋다고 여기기도 했다.

17세기에 프랑스 루이 13세의 주치의는 국왕이 어렸을 때부터 그의 수면 습관을 기록해서 건강 상태를 확인하는 지표로 삼았다. 불면증을 해결하기 위해 밤에 무엇을 마시는 것이 좋은지를 두고는 의사들 사이에 의견이 분분했다. 향신료인 육두구를 넣지 않은 맥주, 알코올을 섞은 우유, 순한 포도주 등 여러 주장이 펼쳐졌다. 아편을 비롯한 다양한 약초를 다룬 약제 처방 기준도 발달했다. 마녀의 마법에 걸린 것이 아니라면, 밤에 잠을 설친다는 것은 소화 장애가 있거나 혈액 구성 성분이 나쁘다는 징후로 여겼다. 괴로움이나 불안, 사랑으로 인한 우울증처럼 심리적 원인 때문이라고도 생각했다.

잠이라고 다 같은 잠이 아니다

보통 잠자는 모습을 떠올릴 때 침대에 혼자 또는 둘이 누워서 자는 것을 생각하지만, 늘 그랬던 것은 아니다. 중세에는 머리와 등을 일으켜 세운 채로 잤다. 반쯤 앉아서 자는 이런 자세는 최근까지도 이어졌는데, 속을 꽉꽉 채운 베개를 여러 개 쌓아 올리고 자는 것이다. 아프리카에서는 아직도 목받침을 쓴다.

기사가 활동하던 시대에 가난한 사람들은 잠자리가 좁아서 여

수치스러운 죄를 저지르는 것

도덕적 차원에서도 잠에 대한 우려가 있었다. 잠이라는 휴식은 과연 신의 선물인가, 아니면 악마의 선물인가? 만약 잠자는 사람이 정말 순수한 상태라면 야간 발기, 몽정 등은 어디에서 오는 걸까? 과거에는 이 모든 증상이 벌을 받아 마땅한 죄였다. 그래서 이런 죄를 짓는 원인에 대한 설명이 필요했다. 그렇게 해서 생겨난 것이 바로 몽마, 즉 '인큐버스incubus'와 '서큐버스succubus'다. 라틴어 cubare는 잠이라는 뜻으로, 이들 몽마는 수면 중에 활동하는 악마를 말한다. 접두어 in과 sub(suc)는 각 희생자의 성별을 나타낸다. 즉, 인큐버스는 여성의 몸에서 활동하는 악마이고, 서큐버스는 남성의 성기를 장악하는 악마이다. 이 얼마나 불순한 일이란 말인가!

이 때문에 악마에게 몸을 넘기지 않으려고 어떤 성직자들은 전혀 잠을 자지 않았다. 18세기 프랑스 보주 지역의 요셉 신부는 관 속에 들어가 어머니의 두개골을 베개로 삼아 누웠다. 가슴 위에는 돌덩이를 매단 도르래를 설치했다. 잠이 들면 도르래에 달린 돌이 떨어져 깨우도록 장치한 것이다. 그래서 많은 베네딕트 수도사들은 오랫동안 깨어 있는 수련을 했다. 이와 반대로, 성 프란치스코 살레시오와 같은 신비 신학자들은 잠을 자야 한다고 주장하기도 했다.

하지만 어느 경우든 죄를 짓지 않도록 경계해야만 했다! 19세기에는 자위 방지 벨트가 엄청나게 발전했다. 잠잘 때는 이불 위로 손을 내놓고 자야 했다. 수도사들은 잠자리에 들기 전과 아침에 각각 수련을 했다. 이때는 식탐도 죄였기 때문에 원칙적으로 단식을 해야 하지만, 살짝 조정해서 규칙을 완화하기도 했다. 가령, 잼은 약으로 취급해서 허락하는 등 몇 가지 예외가 있었다.

유혹에 넘어가지 않으면서도 잘 자기 위해서 성직자들은 십자가를 보고 기도하면서 정신을 준비시킨 다음, 고요한 마음으로 잠자리에 들라고 권한다. 아마도 잠자기 전에 책을 조금 읽으라는 속세의 권고는 바로 성직자들의 이런 수면 '프로그래밍'을 계승한 듯하다.

럿이 모여서 잤다. 또 18세기와 19세기까지 옷장 같은 가구 안에 들어 있는 형태의 침대가 있었는데, 이것이 진화해서 나중에 알코브(방 한쪽 벽을 안으로 들어가게 해서 만든 작은 공간-옮긴이)가 되었다.

오랫동안 침실은 사적인 공간이 아니었다. 왕은 침실에서 손님을 맞이했고, 때로는 하인들이 침실 바닥에서 자기도 했다. 오늘날에도 이런 사생활이 항상 보장되는 것은 아니다. 하지만 그 이유는 예전과 다르다. 현재 프랑스의 관련 법규에 따르면, 주거지에는 부부를 위한 침실 1개, 자녀가 7세 미만이거나 동성인 경우 자녀 2명당 침실 1개, 그렇지 않은 경우 자녀 1명당 침실 1개가 있어야 한다. 프랑스 국립통계경제연구소INSEE 보고서에 수록된 2013년 인구 조사 데이터에 따르면, 전체 가정의 8.4%가 사람 수에 비해 좁은 집에서 사는 것으로 나타났다. 이는 2백만 명 넘는 사람들이 사생활은커녕, 안락하지 못한 삶을 산다는 뜻이다. 게다가 8만 명 이상의 성인이 노숙자로 확인되었다. 혼자건 둘이건 침대에 누워 푹 자는 것은 이들에게는 그림의 떡인 셈이다.

꿈이란,
독립된 삶을 사는 정신이다

사람들은 꿈에 신비하고 특별한 가치를 붙이곤 했다. 꿈에서 보이는 현실은 깨어 있는 삶과는 구별되는 다른 삶, 즉 정신의 삶을 보여 주었다. 그래서 전 세계 어디든

힙노스에게 청하는 기도

기원전 5세기경, 고대 그리스에서는 오르페우스교라는 종교가 문학과 철학 사조의 형태로 발달했다. 오르페우스교에 따르면 카오스로부터 코스모스의 다양한 지배자가 생겨났고, 그 가운데 하나가 힙노스의 어머니 닉스라고 한다. 오르페우스교에서 불렀던 힙노스 찬가는 다음과 같다. "힙노스여, 모든 복된 자와 유한한 인간, 드넓은 대지로부터 자양분을 얻고 사는 모든 이들의 임금이여, 당신만이 모두에게 명을 내리시고, 육체를 온화한 인간관계로 덮어 주시네. 당신은 근심을 사라지게 하시고, 행복하게 일을 쉬게 해 주시네. 모든 고통을 위로하시며, 죽음의 두려움을 물리치시고, 영혼을 달래 주시네. 당신은 레테와 타나토스의 형제이기 때문이라네. 복되신 분이여, 어서 오소서! 청하오니, 우리 마음 깊이 상냥하게 오시어, 당신께 경건한 희생을 바치는 이들에게 자비를 베푸소서."

(고대 그리스어 찬가를 19세기 프랑스 시인 르콩트 드 릴이 프랑스어로 번역)

이 야간 여행에 의미를 둔 관습과 풍습이 있다.

꿈을 놓치지 않기 위해 나일강 델타 지대의 농부들은 자는 동안 머리를 감쌌다. 동아프리카의 마사이 부족 사회에서는 잠자는 사람을 갑자기 깨우면 안 된다. 자칫 그의 정신이 육체로 되돌아올 시간이 부족할 수 있어서다. 오세아니아의 타갈로그족이 자는 사람을 깨우는 것을 꺼리는 이유는 사람이 잘 때는 영혼이 외출한다고 믿기 때문이다. 잉카족은 영혼은 잠을 잘 수 없어서 육체에서 나와 산책하는 것이라고 믿었다. 그린란드에서는 잘 때 영혼이 춤추거나 사냥하러 빠져나간다고 생각했다.

인도 북동부의 나갈랜드에 사는 앙가미족에 따르면, 악몽을 꾸는 이유는 잠자는 사람보다 강한 정신을 지닌 친구가 자는 사람의 정신을 방문했기 때문이라고 한다. 인도네시아의 토라쟈족은 집이 항상 나무랄 데 없이 완벽한 상태여야 한다고 생각한다. 싸우러 나간 사람들의 영혼이 언제든 돌아올 수 있기 때문이다. 피지섬에서는 한 영혼이 다른 사람의 수면을 방해할 수 있다고 여긴다. 또한 사람의 정신은 신이나 조상이 사는 세계와도 소통한다고 믿는다. 그래서 자는 동안 때때로 그들이 위험을 알려주기도 한다는 믿음이 있었다.

줄루족과 마오리족 사회에서는 꿈의 내용과 반대로 해석한다. 죽는 꿈은 산다는 것을 뜻한다는 식이다. 여러 아프리카 부족들에게 꿈은 예측일 뿐만 아니라 명령이기도 하다. 가령, 여러분의 이

웃에게 무언가를 받는 꿈을 꾸면, 여러분은 다음날 흥정할 필요 없이 이웃에게서 그것을 얻을 수 있다. 하지만 이것은 양날의 칼과 같다. 왜냐하면 바로 그다음에는 그 이웃이 여러분에게서 좀 더 귀한 것을 받는 꿈을 꿀 테니 말이다!

2

한밤 속으로
떠나는 여행

잠이라는 땅 위에는 대조적인 풍경이 펼쳐진다. 우리가 잠이 들면
우선 평원에 접어드는데, 앞으로 나아갈수록 점점 평화로워진다.
그러다가 불쑥 산맥이 솟아난다. 바로 이 경계선에서
모든 리듬(뇌파, 맥박, 호흡-옮긴이)이 빨라진다.
그러나 몸은 마비된 듯 꿈쩍도 하지 않는다. 그야말로 역설적이다!
그런 다음, 같은 길이 다시 시작된다.
그러는 사이에 우리는 분명 잠에서 깬다. 하지만 전혀 기억이 없다.
이 과정은 하룻밤에도 수차례 반복된다.
얕은 수면, 깊은 수면, 렘수면(또는 역설수면). 움직이지 않은 채로 떠나는
여행길에 존재하는 이런 기복은 특수한 뇌 활동과 특정한 인식, 의식,
반응성으로 나타난다. 호흡과 근육 긴장도 역시 달라진다.
복잡하고 구불구불한 뇌 안에서 이런 희한한 상황이 일어나는 동안에도
우리 몸의 활동은 그 무엇도 멈추지 않는다.

기상!

커피 향, 속삭임, 쓰다듬는 손길…. 우리는 이 모든 것을 느낀다. 완전히 잠에서 깬 것 같지 않더라도, 눈을 감고 자는 시늉을 하더라도 우리 뇌는 각성 상태에 있기 때문이다. 일단 이렇게 깨어나면 좋은 일도 생겼다가 나쁜 일도 생기고, 시끄러웠다가 조용해지고, 운동이나 성찰을 할 수도 있고, 해변에서 휴식하거나 더 나아가 어슬렁거리며 길을 배회할 수도 있다. 잠자리에서 일어나기, 입을 옷 고르기, 이동하기, 음식 먹기, 일하기, 아무것도 하지 않기. 각성이라는 이 생리적 상태는 의식이 있는 상태이기에 우리는 무엇이든 선택하고 행동할 수 있다.

움직이지 않거나 움직이거나, 안에 있거나 밖에 있거나, 위치나 상황은 중요치 않다. 자극과 정보는 각성 상태에 맞는 적합한 방식으로 처리된다. 차분한 순간과 활동적인 순간이 연속해서 일어나도록 딱 정해져 있는 것은 아니다. 시간이 지나도 항상 비슷하지는 않다. 이렇게 하루가 지나가면 우리는 다시 잠에 빠진다.

취침!

머리는 베개를 베고, 몸은 대부분 길게 누운 자세를 취하고, 눈은 감는다. 대체로 우리는 이런 자세로 수면 상태에 접어든다. 소리 소문 없이, 때로는 원하지 않더라도 말이다. 보통은 불을 끄고 조용한 분위기에서 잠이 든다.

수면은 우리 몸이 자연적으로 되돌아가는, 주기적인 생리 상태다. 수면 상태에 들어가면 움직임이 없고, 일반적으로 특정한 자세를 유지하며, 자신과 주변 환경에 대한 의식이 변하고, 외부 자극에 대한 반응이 변화하고, 지각을 상실하는 것이 특징이다. 수면 상태가 깊어질수록 외부의 냄새나 소리, 움직임에 더는 반응하지 않으며 의식 역시 변화한다. 뇌 활동은 점점 느려지지만, 근육 긴장도는 유지된다. 딱히 할 일은 없다. 짜여진 프로그램대로 순조롭게 진행되기 때문이다. 처음에는 얕은 수면이었다가 뒤이어 깊은 수면이 찾아온다.

이 시간은 오래 지속되지 않는다. 곧이어 아주 다른 수면으로 이어지기 때문이다. 이때 뇌 안에서는 각성 상태와 비슷한 활동이 일어난다. 호흡이 빨라지고 감은 눈꺼풀 아래로 눈이 움직인다. 그러나 나머지 신체 부위는 마비된 듯 꼼짝도 하지 않는다. 이제 근육이 반응하지 않는다. 바로 렘수면 단계다. 이 단계에서는 뇌 활동과 근육 긴장도가 전혀 일치하지 않기 때문에 역설수면이라고도 부른다.

비교적 얕은 수면, 깊은 서파수면, 그리고 역설수면. 이 수면 패턴은 하룻밤에 평균 4~6회 반복된다. 내일, 또 하루가 밝아서 우리의 근육과 뇌를 활성화할 수 있는 깨어 있는 삶으로 돌아갈 때까지 이런 순환이 연속해서 일어난다.

3가지 각성 상태

인간의 각성 상태는 각성, 서파수면, 역설수면이라는 3가지 상태로 나뉜다. 이 3가지 생리적 상태에서는 여러 시스템(뇌의 여러 부위, 신경세포, 전도물질)이 상호작용하여 이러저러한 회로를 활성화하거나 비활성화한다. 하지만 이들 요소의 위계를 항상 밝혀낼 수 있는 것은 아니다. 서파수면은 2단계로 구성되어 있다. 얕은 서파수면과 깊은 서파수면이다. 하지만 관찰만 해서는 둘 중 어떤 상태인지 알아낼 수 없다.

그런데 왜 수면 여행을 하지 않는 시간에는 이 여행에 대한 상실감을 느끼지 않는 걸까? 이 여행은 여전히 미지의 신비한 땅 위에서 일어나는 일처럼 보인다. 과연 이곳에서는 무슨 일이 벌어지는 걸까? 오랜 시간 동안 가능한 수단을 다 동원했지만 이 분야에 관한 연구는 크게 나아가지 못했다.

그러다가 마침내 발달한 기술 덕분에 몇몇 장애를 극복하게 되었다. 과학자들이 의료용 전극을 머리에 연결해서 안구 운동을 기록하고, 근육 긴장도를 측정할 수 있게 된 것이다. 머리카락보다도 가느다란 기구와 정밀 기기, 영상 시스템을 활용해서 매일 밤 인간이 떠나는 수면이라는 여정의 구불구불한 길과 지름길, 그 기복을 가려내게 되었다.

리듬의 문제 수면을 총괄하는 역할을 하는 것은 신경세포다. 통일성과 속도, 신경세포가 작동하는 방식에 따라 수면의 리듬이 바뀐다. 생화학적 상호작용은 연이은 각각의 수면 단계에 적합하게 일어난다. 수면은 뇌의 리듬(뇌파 속도-옮긴이)에 따라 서파수면 또는 역설수면으로 정의된다. 이 수면 상태를 낮 동안 겪는 스트레스와 이완 사이의 상태와 비슷하다고 볼 수 있을까? 전혀 다르다.

수면에는 확연히 다른 세 가지 상태가 있다. 먼저, 출발점으로 돌아가 보자. 아예 더 앞으로 가서 잠들기 전, 깨어 있을 때의 각성 상태를 살펴보자. 이때는 뇌 활동 속도가 빠르고 신경세포가 생성하는 전기 신호의 속도도 유지된다. 뇌파로 이야기하자면, 절대적으로 차분한 상태더라도 최소한 8~12Hz의 주파수가 나타나는 것이다. 정보를 포착, 저장, 처리하는 데 필요한 정신 작용을 할 때면 이 주파수는 최고 40Hz 이상까지 올라간다. 계속해서 각성 상태가 이어지는 동안, 다소 변동이 있더라도 근육은 긴장을 유지한다. 안구 운동도 마찬가지다. 뇌 혈류량은 우리가 어떤 임무를 하느냐에 따라 달라진다.

하나, 둘, 셋… 출발! 수많은 신경세포가 천천히 동시에 움직이기 시작한다. 전기파가 더 규칙적으로 나타나고, 폭이 조금 더 넓어진다. 바로 서파수면의 1단계인 얕은 서파수면 단계다. 그러다가 신경세포의 활동이 둔해지고 몇 차례 전기적 활동이 폭발하면, 이른바 '수면 방추파'가 나타나면서 서파수면 2단계에 들어선다. 이 단계에 이르면 잠에서 깨어나기가 더 어려워진다. 그런 다음, 신경세포의 활동이 변화하면서 전반적으로 활동이 줄어들면 서파수면 3단계, 즉 깊은 수면 단계에 들어간다.

뇌 속 전기 활동을 보여 주는 뇌전도EEG, Electroencephalogram 검사를 하면 이 같은 변화는 뇌파가 4~8Hz(세타파)에서 4Hz(델타파)로 떨어지면서 점점 느려지는 모습으로 나타난다. 30초 동안 느린 델타파의 비중이 20% 이상을 기록하면 깊은 수면에 빠진 것으로 여긴다. 이때부터 안구 운동, 맥박, 호흡 리듬도 느려지고 근육 긴장도도 감소한다. 뇌의 일부 부위도 휴식을 취한다. 이 상태가 유지되는 동안, 여러 전달 물질(가령, GABA와 같은 억제성 신경 전달 물질-옮긴이)이 개입하여 뇌줄기(또는 뇌간에 분포한 망상체-옮긴이)와 시상하부에 있는 각성 관련 조직을 억제한다.

하지만 깊은 수면 중에도 어린아이의 울음소리나 알람 소리 같은 외부 자극이 우리에게 전달되어 반응을 일으킬 수 있다. 그래도 이런 소리는 멀리서 들리는 것처럼 아련하게 느껴져서 다른 단계에 있을 때보다 깨어나는 데 시간이 더 걸린다.

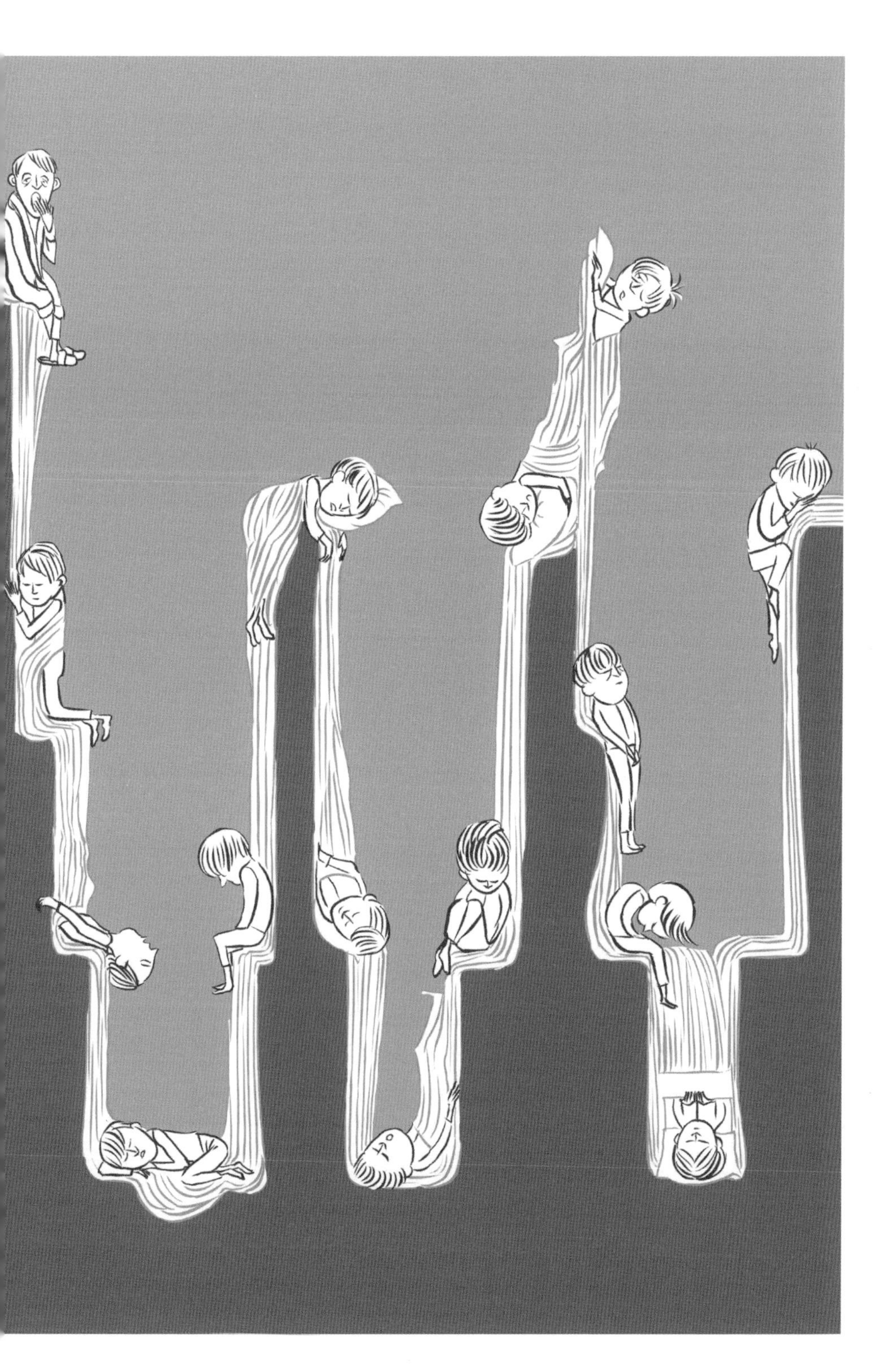

전기 신호에서 뇌파로

전기 신호는 뇌파 형태로 나타날 수 있다. 뇌파의 진폭과 진동수(주파수-옮긴이)는 뇌가 수행하는 활동에 따라 달라진다. 초당 진동수 단위인 1Hz는 진동 운동을 할 때 1초에 1회 왕복 운동을 한다는 의미다. 뇌 활동이 활발해져서 맥박이 빨라질수록 파동 간격이 좁아지고 헤르츠 주파수가 높아진다. 활동 속도가 느려지면 주파수도 낮아진다. 주파수에 따라, 가장 느린 주파수를 지닌 델타파에서 가장 빠른 감마파까지 뇌파 유형이 정해진다.

뇌파는 뇌 속 전기 활동 단계에 대응하는 4가지 주파수대로 나뉜다(대개 감마파까지 포함해서 5가지로 나누고 바로 위에서도 감마파를 언급했지만, 원문에서는 4가지로 구분하고 있다-옮긴이).

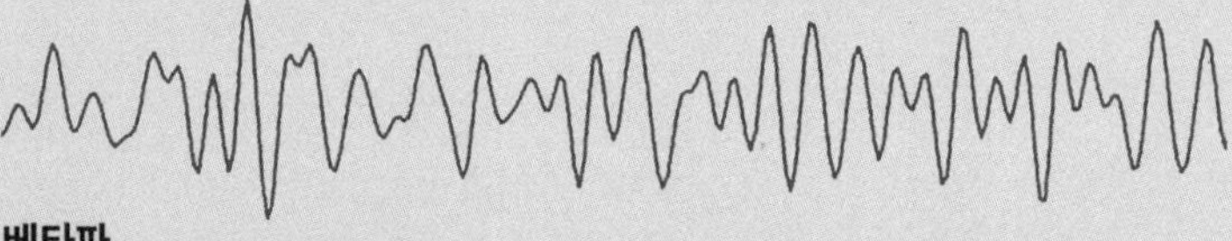

베타파
주파수 12~30Hz에 해당한다. 주의가 산만할 때 관측된다.

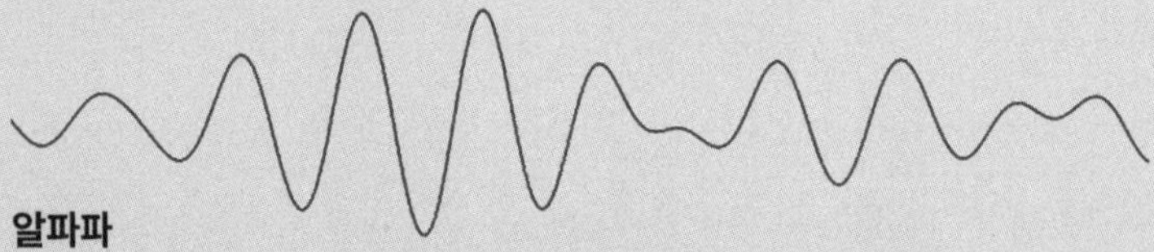

알파파
알파파는 초당 8~12회의 속도로 움직인다. 따라서 주파수는 8~12Hz다.

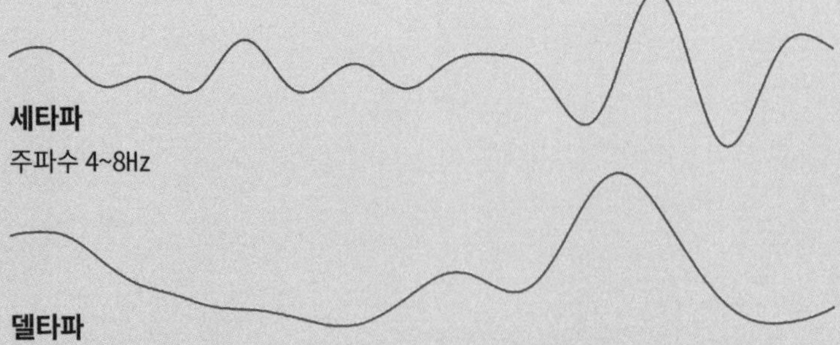

세타파
주파수 4~8Hz

델타파
0.5~4Hz의 주파수를 지닌 느린 뇌파다. 깊은 서파수면 동안 지배적으로 나타난다.

가속의 시간 이제 어린아이의 울음이 멈추며 다시 잠들었고, 시끄러운 알람도 꺼졌다. 휴! 깊은 수면에 이어 역설수면 시간이 왔다. 그러자 뇌전도 검사에서 뾰족한 산맥이 여기저기 등장한다. 깨어 있을 때처럼 안구 운동이 빨라진다.

각성 상태와 서파수면 상태와는 또 다른 고유의 특징을 지닌 뇌의 3번째 상태가 찾아온 것이다. 그 특징 중 하나는 근육 긴장도가 사라진 것이다. 몸은 마비된 듯 꼼짝도 하지 않는다. 다만, 예외적으로 얼굴과 손발에서 간헐적으로 짧게 몸이 떨리는 현상이 나타난다. 근육이 이완되는 것과는 대조적으로 뇌 활동은 활발해진다. 바로 이러한 이유로 1961년에 미셸 주베는 이 수면 상태를 '역설적'이라고 표현한 것이다.

이때 신경세포는 '전원을 끄고' 근육을 마비시키기 위해 상호작용한다. 깨어 있을 때 활성화되는 대뇌 피질 부위를 억제하는 과정도 이루어진다. 이 시간 동안에는 (식물성 기능을 조절하는) 자율 신경계가 우리 머리맡을 지킨다. 자율 신경계 덕분에 우리의 심장이 뛰고 호흡을 계속할 수 있다.

그래도 역설수면 중에는 자발적 통제에서 벗어난 기능들을 지키고 있는 경비원의 긴장이 조금 풀어지는 모양이다. 심장 박동수와 호흡이 변하고, 남성의 경우 음경이 발기된다. 여성은 음핵이 발기되고 자궁이 충혈된다.

이런 발기 현상은 대개 역설수면 단계에 들어가기 몇 분 전부터 시작해서 10~15분간 계속된다. 이 현상은 역설수면 단계마다 일어난다. 즉, 평균 45분마다 25분 동안 일어나며, 태어나면서부터 고령에 이를 때까지 계속된다. 이것은 흔히 생각하듯 야한 꿈 때문에 생기는 것이 아니라 중추 신경계에 의해 발생하는 현상이다. 비뇨기과에서는 이 현상을 기준으로 생식기 기능 장애의 원인이 기관에 있는지 심리적인 것에 있는지 판별한다.

기복의 시간

대부분의 경우, 어젯밤이나 오늘밤이나 우리는 비슷한 상태의 수면 여행을 한다. 여행 중에는 느린 수면과 빠른 수면이라는 두 가지 각성 상태가 번갈아가면서 순환한다. 1회 순환 시간은 약 90분이며, 하룻밤 동안 평균 4~6회 반복된다. 순환이 반복될수록 깊은 서파수면의 비중이 줄어들고 빠른 수면 혹은 역설수면의 비중이 늘어난다.

이 흔적을 수면 곡선으로 그려 보면 하나의 파도와 같은 모양이 나타난다. 수면 초기에는 우선 파도의 깊은 곳으로 떨어지며 깊은 수면에 빠진다. 그런 다음, 역설수면의 첫 10~20분 동안 신경세포 활동이 다시 늘어나면서 봉우리가 생기기 시작한다. 우리는 기억하지 못하지만 잠시 깨었다가 몇 분간 재빨리 얕은 수면으로 넘어가면서 다시 곡선의 오목한 바닥에 도달한다. 신경세포의 활동이 서파수면 리듬에 다시 맞춰지기 때문이다. 그런 다음 깊은 서파수면—처음보다는 조금 짧게 이어진다—과 역설수면—그 전보다 조금 길게 이어진다—이 번갈아가며 반복된다. 모든 순환을 더해 보면, 정상적인 수면에서 깊은 서파수면과 역설수면이 차지하는 시간은 각각 20~25% 정도다.

한 번 순환하는 시간은 대부분 같다. 그러나 각각의 수면 유형마다 차지하는 수면의 양은 다르다. 처음에는 깊은 서파수면 시간이 많다. 마지막에는 역설수면과 얕은 서파수면, 각성이 차지하는 비중이 크다. 이러한 이유에서 자정 이전에 일찍 잠드는 것이 두 배로 중요하다고 하는 것 같다. 수면 초기에 이루어지는 깊은 서파수면은 생리적 기능에 중요한 수면 단계이기 때문이다. 게다가 초기에는 각성이 적어서 수면이 더 안정적이다.

우리는 자는 동안 잠에서 깬다

이 순환 고리가 이어지는 중간 중간에 정지 상황이 발생한다. 3~15초 정도 짧게 멈추기도 하고, 몇 분간 계속 정지하기도 한다. 서파수면과 역설수면 중에는 가장 짧게 멈춘다. 이 미세한 각성 상태 동안 잠시 뇌 활동이 변화하고 심장 박동수는 증가한다.

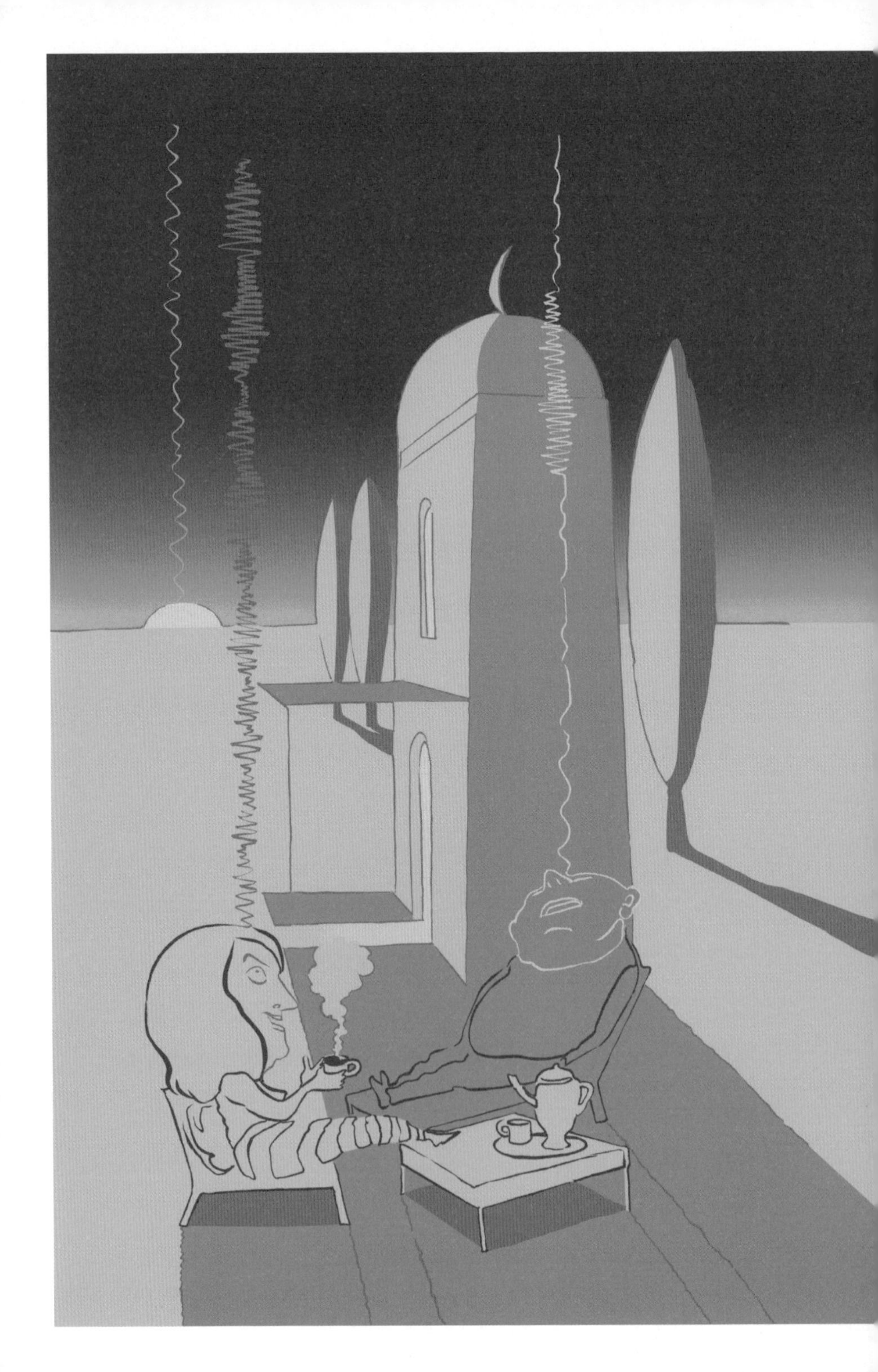

> *수면이라는 대지 위에는 여전히 그늘에 가려진 부분이 남아 있다.*

간혹 역설수면 동안 근육 긴장도가 다시 높아지는 경우도 있다. 나이가 들면서 이 미세한 각성 상태는 점점 많이 나타난다. 청년에게서는 평균 시간당 10회 나타나는 데 반해, 나이가 많아질수록 30회까지 늘어난다. 이런 짧은 휴지기 외에도 수면 주기 사이사이마다, 때로는 주기가 진행되는 중간에도 이보다 더 오래 각성이 일어난다. 사람들은 다소 긴 각성 상태가 유지되는 이 시간을 대부분 의식하지 못한다. 나중에 기억하는 사람도 없다.

수면의 한 부분을 이루는 각성 시간 말고도, 더 예외적으로 어떤 위험 때문에 일어나는 각성도 있다. 마치 몸이 위험을 피할 수 있게 준비시키려는 것처럼 말이다. 시계 알람이 울리는 방식에 따라 수면은 이어지거나 아예 중단되기도 한다. 이런 크고 작은 각성이 일어나도 몸에 별다른 영향을 미치지는 않는다.

다만 너무 자주 발생하거나 낮에 깨어 있는 동안 문제가 생기면 곤란하다. 여행할 때 사고가 많이 생기면 피곤한 것과 마찬가지다. 하품을 자주 하거나, 집중하기 힘들거나, 기분이 안 좋은 상태 등이 그 표시다. 반대로 수면 주기가 연달아 이어져서 수면 양이 충분하면 여러모로 유익하다. 하지만 전반적으로 진짜 이유가 무엇인지는 아직 밝혀지지 않았다. 이렇듯 수면이라는 대지에는 여전히 그늘에 가려진 부분이 남아 있다.

천근만근 눈꺼풀

그리스어로 '최면(hypno)'은 '잠'을 뜻하지만, 최면과 잠의 유일한 공통점은 통제력 상실뿐이다. 불안에 사로잡힌 상태나 깊은 명상에 빠진 상태와 마찬가지로, 최면 상태를 정의할 때도 '변형된 의식 상태'라는 용어를 사용하곤 한다. 최면 상태에서 뇌의 작동 방식은 변했지만 다양한 수면 상태에 해당하는 특징은 전혀 발견되지 않았다.

2016년, 스탠퍼드 대학교의 데이비드 슈피겔 정신의학과 교수의 연구 결과, 최면 상태와 관련된 뇌 부위들이 밝혀졌다. 이 연구로 얻은 결론은 가히 충격적이다. 최면 상태에서는 선택하기 전에 맥락을 평가하는 부위가 비활성화되며, 하고 있는 행동과 그 행동에 대한 자각을 연결하는 두 부위 사이의 교류가 감소한다. 타인을 판단할 때 수치심과 죄책감을 배제해 보자. 그러면 꿈을 꾸게 될지도 모른다!

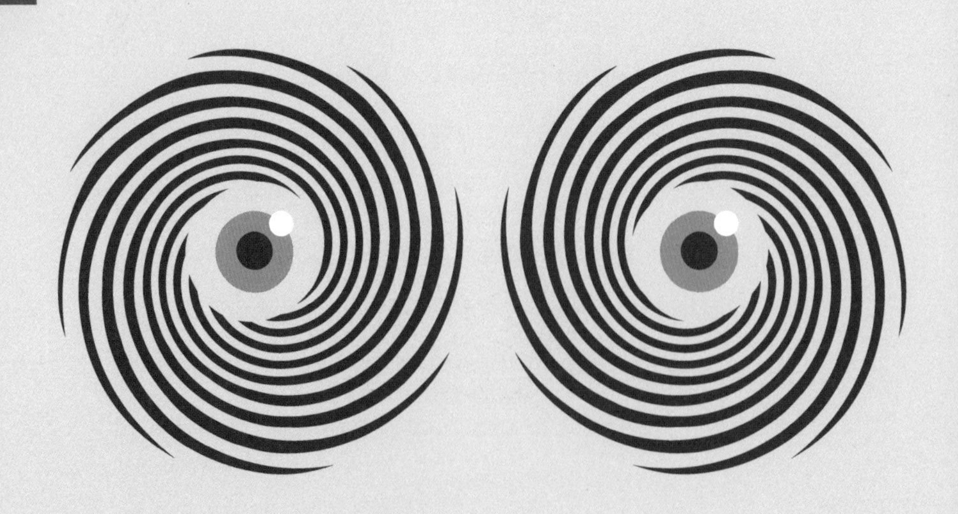

수면 연구는 어떻게 이루어지는가?

"내 잠에 대해서는 뭐라 할 말이 없소. 관찰해 보겠다고 단단히 마음먹을 때마다 잠이 들어 버려서 원….” 프랑시스 블랑쉬(1950~60년대에 활약했던 프랑스의 배우이자 가수, 예능인-옮긴이)가 던진 농담이다. 하지만 1960년대부터 첨단 기기가 등장하기 시작하면서 상황이 달라지기 시작했다.

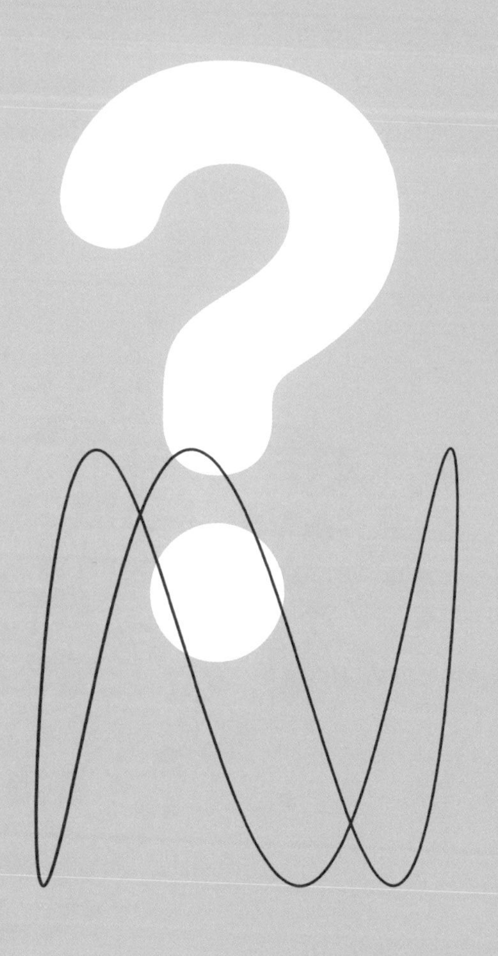

수면다원검사PSG, Polysomnography는 연속적으로 이어지는 수면 상태를 파악하고, 혹시 모를 수면 장애를 진단할 수 있게 해 준다.

이 검사에서는 잠자는 동안 여러 요인을 기록하는데, 다음 3가지가 가장 주요한 요인으로 꼽힌다. 뇌전도(EEG)로 측정하는 뇌의 전기적 활동, 안전위도(EOG)로 기록하는 안구 운동, 근전도 검사(EMG)로 측정하는 근육 긴장도가 그 주인공이다. 수면다원검사를 보충하는 차원에서 호흡량, 식도 압력, 산소 포화도 측정 등도 할 수 있다.

전기 신호는 우리 뇌를 이루는 전문 세포인 신경세포에 의해 생성된다. 여러 화학 전달 물질과 이들의 특수 수용체 사이에 소통이 이루어지면서 전기 신호가 발생한다. 음

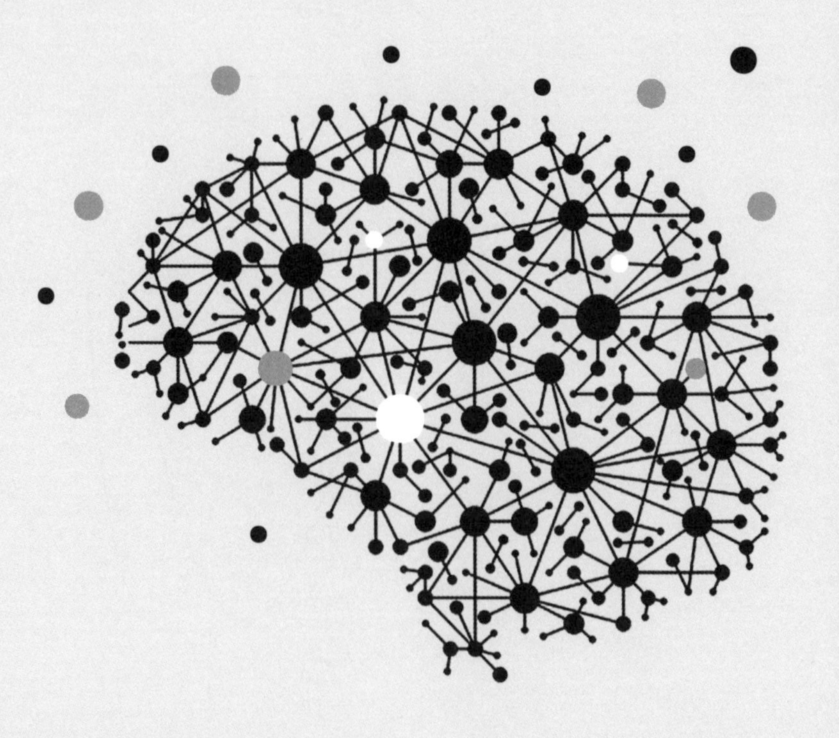

또는 양의 전하를 띤 입자들이 우리 두뇌 속 회색질의 관을 통해 이동하는데, 이는 마치 신경세포를 서로 연결하는 수많은 수상돌기와 축삭돌기로 형성된 전기적 네트워크와 같다.

수면 곡선은 수면의 다순환 구조와 지속 시간, 세분화한 구간을 그래프로 표현한 것이다. 뇌전도와 안전위도, 근전도 검사로 얻은 데이터를 바탕으로 한다.

신경세포의 **작용 전위**에서 이런 전기 신호가 발생한다. 짧은 시간 동안, 이 신경세포의 전위가 증가했다가 안팎으로 이온이 교류하면서 급격히 줄어든다. 이렇게 발생한 전기 신호는 신경세포 사이의 소통이 이루어지는 부위인 시냅스에서 신경 전달 물질을 내보내게 만들어서 작용 전위를 다른 신경세포로 전달시킨다. 이러한 미세 전류 전체는 전위 변형을 발생시키며, 이는 뇌전도 검사에서 파동으로 기록된다.

뇌파계Electroencephalograph는 두개골 표면에 여러 전극을 부착해서 작동하는 검사로, 뇌의 활동을 전기 신호로 만들어 보여 준다. 이때 편차는 몇 마이크로볼트(100만 분의 1 볼트-역자)에서 몇 밀리볼트(1,000분의 1 볼트-역자)까지 다양하다. 느린 파동인 서파가 규명된 것도 다 이 기기 덕분이다.

1990년대 이후로는 단층 촬영 기술을 적용한 MRI나 양전자 단층촬영(PET) 등의 기기 덕분에 더 정밀한 관찰이 가능해졌다. 자기 뇌파 검사법(MEG)은 신경세포의 전기 활동으로 발생하는 자기장을 측정하는데, 아무리 깊은 곳에서 발생하더라도 놓치지 않는다는 장점이 있다.

POL
SCIENT

3

왜 자야 하지?
풀리지 않은
최대의 미스터리!

17
3
13
7
1

잠은 매일 밤마다 우리 몸에 작용한다. 톱니바퀴처럼 얽혀 있는

잠이라는 장치는 복잡하지만, 그 사용법은 간단하다.

최소한으로만 유지하면 알아서 규칙적으로 자리 잡는다.

마치 효과가 보장된 자동 프로그램과 같다.

잠을 자지 않으면 건강에 좋지 않다.

그런데 아무리 신경 생리학적 차원에서 수면의 효과를 증명하더라도,

수면의 기능을 정확히 밝혀내는 것은 불가능하다.

그 누구도 잠을 자지 않고는 살 수 없으니, 잠이 진화의 오류가

아닌 것은 분명하다. 틀림없이 잠에 따른 이점이 있겠지만,

우리는 아직도 알지 못한다. 대체 우리는 왜 잠을 자는 걸까?

여전히 연구는 진행 중이다.

거짓 증거

우리가 음식을 먹는 이유는 배가 고프기 때문이다. 그럼 우리가 자는 이유는? 피곤하기 때문이다! 하지만 이것은 잘못된 대답이다. 배고픔과 마찬가지로 피곤함은 생명체의 욕구를 표현하기 위한 감각에 불과하다. 감각과 원인을 혼동해서는 안 된다. 그렇다면 정답은 무엇일까?

안타깝지만 여전히 불완전한 답밖에 없다. 음식 속 영양분의 순환과 역할은 많이 알려져 있지만, 수면 메커니즘은 많이 알려지지 않아서 우리는 수면이라는 반응을 일으키는 기본 욕구가 무엇인지 모른다. 최근의 연구는 '뇌에 잠이 필요해서 잠자고 싶은 마음이 생긴다'는 시각에 의문을 제기한다. 오늘날에는 수면을 이렇게 뇌에만 국한하는 것이 아니라, 한 생명체의 전체적 균형을 유지할 수 있게 하는 과정이라고 본다.

수면이 우리 몸에 어떠한 작용을 하는 것은 확실하다. 우리는 잠의 효과를, 아니 정확히 말하자면 잠을 자지 않았을 때 그 부작용을 직접 느끼기 때문이다. 수면에 대한 지식은 흔히 이런 식으로 발전해 왔다. 가령 수면을 방해받은 쥐는 음식을 먹어도 심하게 살이 빠졌다. 정상 체온을 유지하지 못하고 피부에 염증이 나타나더니 2주 후에 죽고 말았다. 다행히 인간은 이렇게 학대당하지는 않았지만, 수면이 부족하거나 수면의 질이 나쁘면 심혈관 질환의 발병 위험이 커지고 학습과 주의력에 영향을 미치는 것으로 나타났다. 일반적으로 불면증은 삶의 질을 떨어뜨린다.

그래도 수면이 작용하는 방식을 둘러싼 몇몇 비밀은 밝혀졌다. 뇌 신경세포의 활동을 측정하는 도구 덕분에 수면을 이루는 요소들을 파악할 수 있게 된 것이다. 수면을 이루는 요소를 교란하거나 자극한 뒤, 그 영향을 관찰했더니 몇 가지 문제가 밝혀졌다. 특히 수면과 각성을 통제하는 데 관여하는 뇌 부위를 더 정확히 확인할 수 있었다. 또한 신경세포 간 화학적 교류, 유전자 발현 모형, 전기 신호에 대해서도 뚜렷하게 알게 되었다.

잠에 드는 과정과 다양한 수면 유형, 기상에 관여하는 여러 현상과 회로에 대해서도 많은 것이 밝혀졌다. 반면, 수면의 '여정', 즉 인체 내에서 수많은 현상을 일으키는 주체들 간의 위계에 관해서는 아직 추정과 가설로만 만족해야 한다. 모든 것을 다 들여다보고 측정하기는 어려운 법이다. 그래도 한 가지만은 절대적으로 확실하다. 수면은 다양한 계통 사이의 복잡한 상호작용을 이용한다는 사실 말이다.

이렇듯 수면 과정과 그에 따른 여러 영향을 둘러싸고 풀리지 않은 의혹이 많다. 하지만 이와는 비교도 되지 않는 거대한 의문이 하나 있다. 대체 왜 우리는 수면 상태에 이르는 걸까?

전반적으로 수면이 어떤 기능을 보장하고, 세부적으로는 역설수면과 서파수면이 각각 어떤 특정한 기능을 하는지 확실히 알려지지 않았다. 수면은 아마도 모든 종種에 공통적인 어떤 역할을 하지만, 그것이 무엇인지 알지 못한다. 그 어떤 가설도 뇌에서 이런 특수한 전기 활동이 일어나는 이유를 설명하지 못했다.

결국, 우리 삶의 3분의 1을 차지하는 부분이 완전히 미스터리로 남아 있는 셈이다!

불가능한 오류

과거나 현재나 마찬가지다. 그 누구도 원한다고 다 잠이 들진 않는다. 잠을 자지 않고 살 수 있는 사람도 없다. 이 세상의 모든 생명체는 잠을 자지 못하면 보충하려고 애쓴다. 기온이나 안전 상황, 식량 상황이 어떻든 우리에게 수면은 협상의 대상이 아니다. 그래서 길게 협상하지도 않는다.

우리가 잠을 잤다는 최초의 증거를 찾으려면 약 13만 년 전인 구석기 시대로 거슬러 올라가면 된다. 프랑스 니스 지방의 구석기 시대 주거 유적지인 라자레 동굴에서 겉에 짐승 가죽을 씌운 해초로 만든 침대가 몇 개 발견되었다. 오늘날과 마찬가지로 먼 옛날 우리 조상들도 신경세포의 활동으로 수면 상태에 빠져들었다는 증거다. 그 옛날 옛적에도 지금과 똑같은 주기가 연쇄적으로 이어졌다는 사실 말이다.

20세기 미국 수면 연구의 선구자인 앨런 렉트셰이펀은 다음과 같은 의구심을 품었다. "과연 잠은 아무 기능도 하지 않는 걸까?

하지만 우리 삶의 3분의 1에 달하는 시간을 아무 기능도 하지 않는 일에 쓴다고 생각하기는 힘들다. 잠이 절대적으로 중요한 기능을 하지 않는다면, 잠이야말로 진화 과정에서 한 번도 없었던 최대 오류인 셈이다."

그 많은 시간을 먹지도 않고, 주변에 무슨 일이 일어나는지 살피지도 않고, 탐험하지도 않고, 의사소통하지도 않고, 번식하거나 아기를 돌보지도 않고, 먹거리를 구하지도 않고, 놀지도 않고, 읽지도 않고, 웃지도 않고, 아무것도 하지 않고 지내다니. 아무런 이유도 없이 이런 시간을 인간에게 강요하는 것은 아주 엄청난 시간 낭비다!

게다가 역설수면 동안 근육은 마비되고, 깊은 수면 동안 잘 듣지도 못하게 되면서 인간은 취약한 상태에 놓인다. 그러는 동안 위험은 여러 형태로 인간을 노릴 수 있다. 그 위험은 발소리도 내지 않고 다가오는 포식자일 수도 있고, 졸고 있는 나를 향한 선생님의 반복된 경고일 수도 있으며, 반복된 지각으로 인한 해고 위협일 수도 있다.

이처럼 수면과 기상에 장애가 생기면 위험이 따른다. 만약 수면 상태가 아무짝에도 소용없다면, 또 생존에 유익하지 않다면, 일찍이 진화를 거치며 제거되고도 남았을 것이다.

해파리의 잠

우리 인류는 최초의 해파리가 지구상에 출현하고 적어도 6억 년의 세월이 흐른 뒤에야 등장했다. 해파리는 그만큼 인간과 거리가 매우 먼 진화 계통에 속한다. 해파리는 뇌가 없고 신경계가 몸 전체로 퍼져 있다. 하지만 해파리도 잠을 잔다.

2017년, 과학자들은 6일 밤낮으로 카시오페아 해파리 23마리의 갓 수축 및 이완 운동을 촬영하여 이를 증명했다. 관찰 결과, 규칙적인 간격을 두고 해파리의 활동이 12시간 동안 덜 활발해졌다. 밤이 되면 처음 6시간 동안 맥박이 느려지더니 낮보다 느린 속도를 유지했다. 먹이로 자극을 가한 경우, 일시적으로 낮보다 느리게 반응했다.

또한, 물을 진동시켜서 잠을 못 자게 했더니, 다음날 생활 리듬이 느려졌다. 마지막으로, 해파리도 멜라토닌에 반응했다. 이 모든 징후는 수면 상태에 부합했으며, 해파리도 생체리듬이 24시간으로 맞춰져 있는 것으로 추정되었다.

따라서 잠은 매우 오래전부터 존재했을 것으로 보인다. 수면이 가져다주는 이차적인 이익—가령, 우리 인간에게는 기억력에 미치는 이득—을 따지기 이전에, 수면 메커니즘은 이보다 더 기본적인 욕구들과 그 뿌리와 기원이 같다. 카시오페아 해파리를 연구한 과학자들에 따르면, 아마도 신경세포를 보호하기 위해 수면이 생겨난 것으로 추측한다. 또한 연구 결과, 칼슘 이온 농도와 해파리의 막을 약하게 만드는 특정 지질의 영향으로 수면이 부족한 경우, 세포 손상이 나타난 것으로 확인되었다.

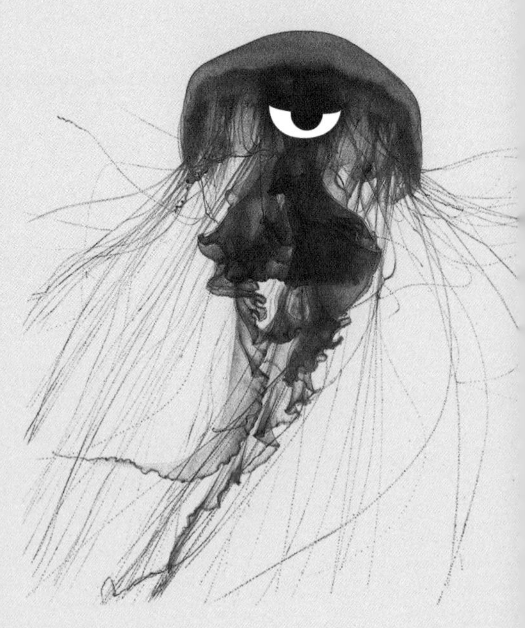

완벽한 이론은 없다 이렇듯 수면을 둘러싼 미스터리가 해소되지 않은 이유는 잠의 요정이 가진 불가항력의 원동력을 찾으려는 노력이 부족해서가 아니다. 사람들은 관찰한 여러 현상을 전체적으로 일관성 있게 연결하기 위해, 수면을 일종의 조절하는 시간이라고 여겼다. 즉, 각성 상태에서의 기능을 유지하는 데 필요한 시간이라고 보았다. 이 원칙에서 출발하면, 유독 많이 언급되는 가설이 몇 가지 있다.

"좋은 잠이었다면 자는 동안 아무것도 알아차리지 못할 것이다." 잠이 회복을 가져온다는 이론의 근거는 잠을 자고 나면 전날에 피곤했던 것과는 대조적으로 행복감을 느낀다는 점이다. 수면이 우리의 에너지 비축량을 회복하는 방법인 셈이다. 그러나 1980년대 말부터 이런 가설이 힘을 잃기 시작했다. 단백질을 합성하여 에너지 비축량을 회복하는 데에 각성 상태보다 수면 상태가 반드시 적합한 것은 아니라는 사실이 밝혀졌기 때문이다. 이뿐만이 아니다. 이러한 회복 이론에 따른다면, 덩치가 크고 뇌의 크기가 큰 동물 종은 에너지 소모가 크기 때문에 잠이 많아야 한다. 하지만 덩치가 큰 초식 동물은 수면 시간이 제일 짧은 동물 축에 든다.

뇌 청소 회복 이론을 조금 변형해서 이야기하자면, 특히 두뇌의 회색질 부위에서 복원이 이루어지는 것으로 보인다. 이는 뇌를 청소하고 연

결을 재생해서 다음 날 모든 것이 최상의 기능을 발휘하게 하려는 것이다. 이 이론의 근거는 잠자는 동안 일종의 해독 작용이 확실하게 일어난다는 데 있다.

실제로 회색질의 부피가 감소하면 뇌척수액이 세포 사이로 더 잘 순환한다. 이 메커니즘 덕분에 신경세포 활동으로 만들어진 노폐물, 특히 일부 단백질 분해 산물이 없어져서 신경 독성 물질이 쌓이지 않게 방지할 수 있다. 집 청소를 하면 좋은 것과 마찬가지다! 물을 뿌려서 먼지를 사라지게 하듯, 뇌척수액으로 독성 물질을 씻어내는 셈이다. 그러면 뇌세포가 깨끗한 상태로 다시 가동할 준비를 마친다.

심지어 그 전보다 가동 능력이 좋아진다. 이 가설에 따르면 수면은 '청소'로만 만족하지 않고, 역설수면 단계에서 시냅스를 재편성해서 신경세포의 연결을 정상적으로 작동시키는 일까지 하기 때문이다. 여러 관찰 결과가 이 가설을 뒷받침한다. 그 가운데 대표적인 것이 어린 아기의 경우다. 역설수면 시간과 신경세포 네트워크 발달 사이에 상관관계가 있다고 드러난 것이다.

하지만 보통의 이론이 다 그렇듯 반론도 만만치 않다. 가령 몇 주 동안 잠을 적게 잘 수 있는 철새 같은 동물의 경우, 임무를 학습하는 능력에서 어떤 부족함도 발견되지 않았다. 또 다른 반론으로 돌고래 사례도 들 수 있다. 돌고래에게서는 역설수면의 징후가 전혀 나타나지 않지만, 돌고래의 추론 능력과 학습 능력은 매우 뛰어난 것으로 유명하다.

또 다른 주장도 있다. 수면 상태는 동물을 활동하지 못하게 만듦으로서, 효율성이 떨어지고 위험이 큰 시기에 먹이를 구하러 가지 못하게 막는 역할을 한다는 것이다. 마치 이 시간을 '아무것도 하지 않는 시간'으로 채우려는 것처럼 말이다. 하지만 닭이 머리를 날개 속에 묻은 채 자는 동안 여우에게 잡아먹히는 모습을 떠올려 보면, 금세 의구심이 든다. 잠들기보다는 조용히 깨어 있게 해서 안전을 더 보장하는 쪽으로 닭이 진화했다면 좋았을 텐데. 물론 그것은 인간도 마찬가지다.

낭비를 막기 위한 잠

그렇다면 어째서 수면은 모두에게 강요되는 걸까? 잠은 동물계 전체가 공유하는 행위인 만큼, 이 질문에 대한 답 역시 모든 동물에게 보편적으로 해당한다. 흔히 이야기하듯 에너지 절약이라는 개념 안에 그 답이 있을까? 이러한 경제 이론의 주된 근거로, 서파 수면 동안 뇌에서 포도당과 산소가 가장 적게 소모되고 온몸의 근육 긴장도가 떨어진다는 사실을 든다.

이외에도 이 이론의 바탕에는 온도 조절 장치를 멈추는 효과도 있다. 각성 상태에 있는 동안 항온 동물은 체온을 유지하기 위해 에너지를 소비한다. 이를 위해 동물은 각자 지방 비축량과 털 두

잠에 빠진 도마뱀 두 마리

수면은 아마도 생물 종에 따라, 또 어떤 진화 압력을 받느냐에 따라 다른 기능을 하는 것 같다. 이것은 턱수염도마뱀과 테구도마뱀에 대한 연구 결과로 추정한 것이다. 변온 동물에 속하는, 서로 사촌뻘되는 이 두 도마뱀은 둘 다 양막류에 해당한다. 양막류는 척추동물 가운데 두 쌍의 막을 지니고, 허파 호흡을 하고, 미래의 자손을 양막낭 안에서 보호하는 무리를 일컫는다(파충류, 조류, 포유류가 여기 해당한다-옮긴이). 따라서 턱수염도마뱀과 테구도마뱀은 변온 동물과 공통 조상을 갖고 있다는 의미다.

포유류와 조류의 수면과 마찬가지로 이 두 도마뱀의 수면도 서파 또는 속파로 뚜렷이 구별되는 두 단계로 이루어져 있다. 이 두 단계는 조류와 포유류에서 관찰된 수면 단계와 공통점도 있지만, 차이점도 있다. 또한 두 도마뱀은 각자 다르게 잠을 잔다. 그래서 이들의 수면 단계에서는 같은 특징이 나타나지 않는다.

이렇게 관찰한 결과, 조상 차원에서는 역설수면이라는 공통된 특징을 지니지만, 생각보다 수면 상태가 복잡하게 진화한 것으로 추정된다. 이들 수면 상태가 어떻게 등장해서 다양한 족보에 따라 어떻게 진화했는지를 파악하면, 아마도 잠자는 이유가 무엇인지 더 많이 알 수 있게 될 것이다.

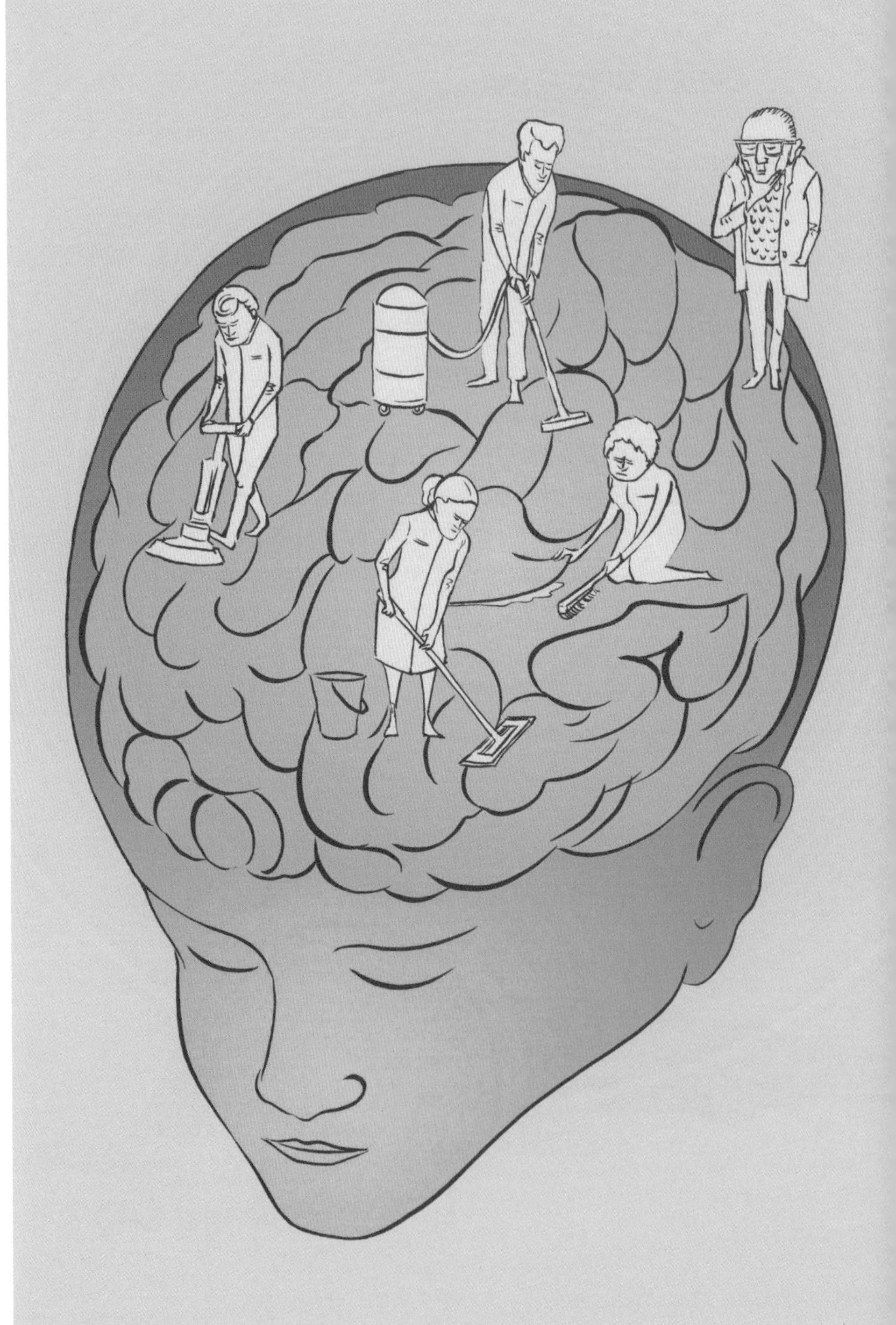

께, 주변 온도, 외형에 따라 체온을 유지하려고 노력한다. 질량에 비해 몸의 표면적이 클수록 많은 에너지를 소모해야 체내 온도를 일정하게 유지할 수 있다. 서파수면 단계와 속파수면 단계가 번갈아 나타나면 몸의 온도 조절 장치는 작동을 멈춘다. 그러면 체온이 내려가고, 에너지 소모가 줄어든다.

에너지 조정 기능

수면은 에너지를 적재적소에 배치하여 원활하게 운용하는 역할도 하는 듯하다. 이는 비교적 최근에 나온 이론이다. 수면 상태에서 절약한 에너지는 동시에 다른 생물학적 이익을 위해 사용된다. 그래서 자는 동안에는 여러 생명 활동 과정이 상향 또는 하향 조정되는 모습을 확인할 수 있다. 즉, 일부 신진대사 반응이 빨라지고, 유전자 발현이 증가하는 경우가 있는가 하면, 이와 반대로 각성 상태일 때보다 반응이 느려지거나 호르몬 분비량이 증가 또는 감소하기도 한다. 지방 흡수, 콜레스테롤 합성, 인슐린 분비 등에서 리듬이 달라진다. 이렇듯 거의 모든 세포에 들어 있는 작은 생체 시계들이 지구의 자전으로 만들어진 일주기에 맞추어 에너지를 더 효과적으로 사용하기 위해 협력한다.

여기서 기본 전제는 단순하다. 모든 생물 종은 자신의 생존에 유리한 방향으로 노력한다는 것이다. 모든 개체는 성장, 번식, 생명 유지라는 3대 에너지 소비 거점을 거쳐야 생존할 수 있다. 이 가운데 세 번째, 즉 생명을 유지하려면 생물학적 기능, 먹이를 구하는 활동, 경계 활동 등을 유지하는 것이 필요하다. 큰 비용이 드는 지속적인 각성 상태와 매우 경제적이지만 생물학적 기능 유지를 위협하는 동면 사이의 중간 상태가 바로 수면인 것이다.

하지만 모든 가정이 그렇듯, 이 개념에 대해서도 의견이 분분하다. 다른 가설도 얼마든지 나올 수 있다. 특정 활동과 생리적 변화가 몸의 다양한 기능을 위한 도구인 것은 아닐까? 여기서 특정 활동과 생리적 변화는 호흡이 느려지고, 안구 운동을 하고, 근육이 무기력해지는 등의 현상을 말한다. 또는, 이런 필수 요소들이 모여 동일한 기본 기능을 수행하고, 개체마다 주어지는 진화의 압박에 따라 적절히 적응하는 것은 아닐까? 아니면 다른 기능을 수행하는 것은 아닐까?

아직은 연구가 진행되면서 논리를 세우는 단계다. 등불을 훤히 밝히고 명확히 규명하려면 아직은 조금 더 기다려야 한다. 그리고 규칙적으로 등불을 끄는 것도 잊어서는 안 된다. 아직 정확한 이유는 모르지만, 잠은 꼭 필요하기 때문이다.

유용하고 상쾌한 잠? 잠의 쓸모에 관한 Q&A

우리는 쏟아지는 잠에 눈꺼풀을 내려놓으며 수면의 효과에 많은 기대를 품는다. 그런데 기대가 너무 과한 걸까? 일반적으로 알려진 잠의 효용을 따져 보았다.

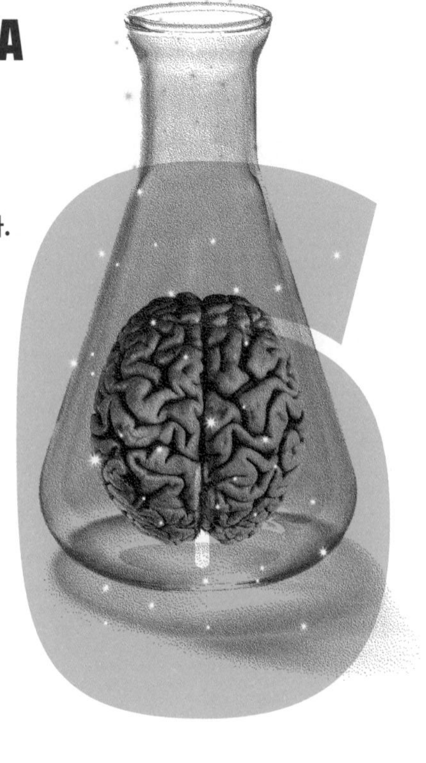

1.

잠은 회복과 면역 효과가 있다. → 개연성 있음

수면 상태와 시점에 따라 여러 호르몬의 분비가 조절된다. 가령 코르티솔과 테스토스테론은 아침에, 멜라토닌은 밤에 많이 분비된다. 성장 호르몬인 프로락틴과 혈압 조절에 관여하는 효소인 레닌은 수면 중 서로 다른 시점에 분비된다. 이들 호르몬 가운데 일부는 주로 신체에 필요한 복잡한 분자로 합성되는 동화 기능을 가지고 있다. 이는 수면이 회복 기능을 한다는 근거가 된다.

수면과 면역 기능 사이의 상호작용은 입증되었다. 감염이 일어나면 아마도 에너지를 아끼기 위해 서파수면은 늘고, 체온과 발열 관련 메커니즘을 잘 조절하기 위해 역설수면은 줄어드는 것으로 보인다. 이와는 반대로, 수면이 부족하면 감염 위험과 전염증성(염증 촉진-옮긴이) 효과가 증가하는 것으로 추측하지만, 아무것도 증명된 것은 없다.

2.

수면은 기억을 강화한다.

→ 사실로 입증됨

이 주장은 여러 실험으로 증명되었다. 학습 후 수면을 취하면 그렇지 않은 경우보다 정보를 더 잘 기억한다. 이 효과는 두 가지 기억 유형에 모두 효과가 있다. 첫 번째 유형은 서술 기억이다. 체험한 사건이나 이론적 개념의 학습과 관련된 기억으로, 정의를 학습하는 경우가 여기 해당한다. 두 번째 유형은 절차 기억이다. 악기를 연주하는 것처럼 기술을 습득하는 것과 관련된 기억이다. 절차 기억은 임무를 수행하기 위해 다소 의식적으로 사용된다.

정보를 복원할 때 활성화되는 부위를 관찰했더니, 수면이 이 정보들을 (해마와 같은) 단기 저장 창고에서 장기 저장 창고로 전송할 수 있게 한다는 결론을 얻었다. 학습한 후 잠을 잔 사람들에게서는 마치 장기 기억으로의 전환이 제대로 완료된 것처럼 해마의 활성도가 떨어진 것으로 나타났다. 이런 결과는 서술 기억의 경우에는 나타났지만, 절차 기억에서는 이런 전환이 관찰되지 않았다. 따라서 기억에 따라 작용하는 메커니즘이 다른 것으로 추정된다.

서파수면과 역설수면 각각의 역할을 둘러싼 논쟁도 여전히 진행 중이다. 아마도 기억 강화를 촉진하려면 이 두 수면 상태가 번갈아 일어나야 하는 것으로 보인다.

3.

수면은 학습에 유리하다.

→ 개연성 있음

여러 연구 결과, 수면은 시냅스 사이의 전송 효율을 강화할 뿐만 아니라, 일부 시냅스를 제거하는 역할을 하는 것으로 추정된다. 이는 시스템 포화 상태를 방지하고 새로운 학습을 준비하는 방법이다. 가득 찬 컴퓨터 하드디스크를 정리하는 작업과 비슷하다.

반면, 잠자는 동안 소리와 냄새를 연결하여 기억할 수 있다는 것은 알려졌으나, 어떤 실험도 잠만 잘 자는 것으로 수업 내용을 잘 배울 수 있다고는 입증하지 못했다. 마찬가지로 자주 인용되는 몇몇 연구에 따르면 수면이 문제 해결을 촉진하는 것으로 생각할 수 있지만, 이를 입증하기에는 데이터가 부족하다.

4.

충분히 자지 않으면 위험하다.
→ 사실로 입증됨

수면 시간이 짧은(객관적으로 측정했을 때 6시간 미만) 불면증 환자의 경우 심혈관계 질환, 즉 고혈압, 관상동맥 질환, 심부전 발생 위험이 증가한다. 이에 따라 일반적으로 심혈관 문제로 사망할 가능성도 높아진다. 다양한 나라에 사는 100만 명 이상의 사람들을 대상으로 코호트 연구(처음 조건이 주어진 집단에 대해 이후의 경과와 결과를 알기 위해 미래에 대해서 조사하는 방법)를 진행한 결과, 수면 시간이 6시간 미만인 사람들이 그 이상 자는 사람들보다 평균적으로 수명이 짧은 것으로 나타났다.

이뿐만 아니라 정신 건강과 불면증은 연관되어 있다. 우울증뿐만 아니라 대체로 여러 정신 질환이 수면 장애와 관계가 있다. 정신 질환을 앓고 있는 사람들 가운데 30~60%가 불면증을 호소한다. 반대로 여러 가지 연구 결과, 고질적인 불면 증상이 정신 질환 발생 위험을 높이는 것으로 밝혀졌다. 그 위험성은 4~8배 더 높다.

잠을 잘 자지 못하면 인지장애가 일어난다.
→ 사실로 입증됨

수면 부족과 관련된 다른 요인들, 우울증이나 불안 등을 구별하기란 어렵다. 진료실을 찾는 환자들은 인지 장애를 호소하는 일이 많다. 이들은 임무를 수행하고, 기억하고, 집중하려면 노력을 많이 기울여야 한다고 느낀다. 하지만 실험실에서 이들의 수행 능력을 시험해 보면, 결핍이 존재하기는 하지만 비교적 가벼운 것으로 나타난다. 주로 작업 기억과 사건 기억에 지장이 생기고, 주의력은 조금 더 심하게 타격을 받는다. 뇌 활동이 둔화해서 오류 발생 위험도 커진다. 이외에 기분도 수면 부족에 영향을 받는다.

6.

수면 부족은 살찔 위험을 높인다.
→ 사실로 입증됨

수면 리듬을 교란하면 식욕을 조절하는 일부 호르몬의 합성에 방해가 된다. 공복 호르몬이라고도 불리는 그렐린이 더 많이 분비되어서 실제 필요하지 않은데도 더 많이 먹게 된다. 스트레스 호르몬인 코르티솔 역시 증가해서 단 음식에 대한 욕구가 커진다. 하지만 모든 질환이나 장애가 그렇듯, 원인과 결과를 명확히 구별하기도 어렵고 악순환도 계속된다. 가령 간밤에 잠을 못 자면 낮 동안 졸음 때문에 에너지를 소모하는 데 지장을 받고, 이는 체중 증가를 촉진한다. 그런데 체중 과다는 수면 장애 발생 위험, 특히 수면 무호흡증 위험을 높인다. 달리 말하면, 수면 부족이 살찌게 만들 수 있고, 살이 찌면 수면이 방해받을 수 있다.

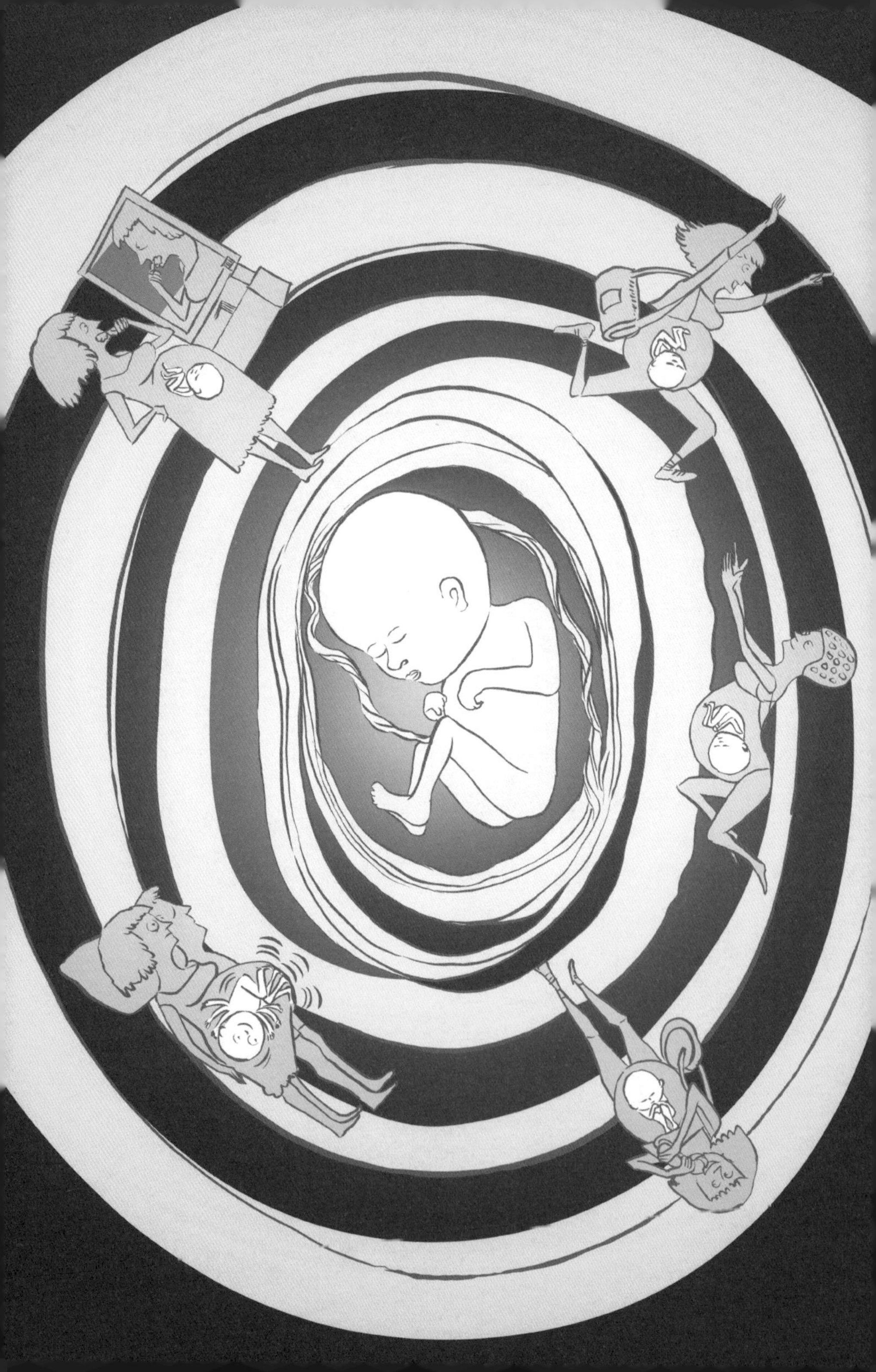

4

자는 것에도 성장이 필요해!

얼굴을 찡그리더니 칭얼대다가 어느 순간 움직이지 않는다.

몇 시인지는 중요치 않다. 밤낮도 구별하지 않는다. 자다 깨다 다시 잔다.

이런 수면 리듬에 주위 사람들은 녹초가 된다.

다행히 이런 토막 잠은 5~6시간을 이어서 자는 통 잠으로 점차 바뀐다.

마침내 아기는 '깨지 않고 밤잠을 자게 된다'.

쉿! 아기가 지금 잔다고? 정말 자는 게 맞을까?

젖을 빨 듯 쭉쭉거리고, 소리 내고, 움직이고 있는데 말이다.

얼굴 표정은 각양각색으로 계속 변한다. 고약한 잠버릇이다.

아기는 대부분의 시간을 잠자며 보내는데,

수면은 아기의 뇌 발달에 꼭 필요하다. 하루하루 지날수록

아이의 수면은 어른의 수면에 가까워진다. 그렇게 안정되어 간다.

그러다가 청소년기가 되면 모든 것이 다시 흔들린다.

간혹 생리적인 이유도 섞여 있다.

엄마 배 속에서 자는 잠

머리에 전극을 연결해서 뇌파 검사를 하기 훨씬 전부터 어른과 어린아이가 다른 방식으로 잠을 잔다는 것은 잘 알고 있었다. 아기는 토막 잠, 즉 다단계 수면과 함께 인생을 시작한다. 낮에도 밤에도 몇 번씩 자다가 깬다. 배고픈 게 틀림없다. 젖을 조금 먹이고 어르고 달래면 다시 잠든다. 간혹 한 번에 잠들기도 한다. 그리고 다시 토막 잠이 시작된다. 부모에게는 다행히도 젖먹이들은 하루 평균 16~17시간, 더 나아가 20시간까지 잠을 잔다.

신생아의 수면은 태내, 엄마 배 속에서의 수면과 비슷하다. 엄마가 깨어 있건 아니건, 태아는 거의 잠만 잔다. 출산 과정에서도 마찬가지다. 수면의 한 주기는 50~60분간 지속된다. 이때 태아는 3~4회 주기가 이어진 뒤 깼다가 다시 잠든다. 엄마 배 속은 늘 깜깜한 밤이다. 대체로 밤 9시에서 자정 사이에 제일 오랫동안 깨어 있다. 임신 7개월부터는 주기마다 불안 단계와 진정 단계가 점점 규칙적으로 이어진다.

이런 신생아의 수면 리듬은 하루아침에 바뀌지 않는다. 더욱이 조산일 경우에는 태아일 때의 수면 주기를 그대로 따르게 된다. 임신 기간을 다 채우고 태어나는 경우, 수면 시간은 거의 4시간을 넘지 않는다. 자다가 잠깐씩 깨서 칭얼거린다. 다 큰 아이처럼 통 잠을 자게 만들려고 애써도 소용없다. 아기의 체내에 있는 꼬마 뻐꾸기시계, 즉 생체 시계는 반드시 밤에 눈을 감게 하지 않는다. 아직 시계가 맞춰지지 않은 탓이다.

생체 시계가 아직 제 기능을 하지 않아서 그런 걸까, 아니면 생체 시계와의 연결이 원활하지 않아서 그런 걸까? 어찌 됐건 확실한 것은 이 시스템이 작동하지 않는다는 것이다. 과학자들이 젖먹이 아기들의 기저귀를 쥐어짜서 한 소변 검사를 통해 확인한 바로는, 아기들에게서는 멜라토닌이 검출되지 않았다. 솔방울샘에서 분비되는 멜라토닌 호르몬은 24시간 수면 각성 주기가 정착되었음을 보여 주는 지표다.

조금만 더 기다리자. 이제 막 지구상에 발을 내디딘 아기의 수면 리듬이 자리 잡기까지는 여러 가지 도움이 필요하니까. 빛과 어둠이 번갈아 나타나고, 밤이면 조용한 자장가를 듣고, 아침이면 큰 소리로 아침 인사를 하고, 낮에는 자극이 되는 활동이 필요하다. 산책, 놀이, 식사 등이 그 신호가 된다. 전혀 잠잘 시간이 아니었는데, 잠잘 시간에 가까워지더니, 마침내 잠잘 시간이다!

아기가 자는 잠은 보통 불안하다!

점차 규칙적인 수면 시간이 자리 잡기를 기다리고 있지만, 아기가 잠을 자는지 안 자는지 알아채기란 쉽지 않다. 태어나기 전에 엄마 배 속에서 그랬듯, 불안한 수면 단계가 매 주기의 50~60%를 차지한다. 이 단계는 역설수면과 같다. 빠른 안구 운동이 일어나는데, 때로는 눈을 반쯤 뜨고 있다. 호흡은 불규칙하고 뇌 활동은 세타파로 나타난다. 근육 긴장도는 떨어져 있는데, 중간 중간 몸짓과 표정으로 감정을 드러내기도 한다. 이런 수면은 금방이라도 깨질 듯이 약한 상태를 유지한다.

그러더니 다시 갑자기 차분하게 진정된다. 이 두 번째 단계 동안 아기는 꼼짝도 하지 않는다. 팔은 만세 자세를 하거나 가슴 위에 가만히 둔 채, '주먹을 쥐고' 잔다. 이 얼마나 놀랍고 예쁜 모습이란 말인가! 다만, 그리 오래 가지 않을 뿐….

빠르게 오르내리는 시소

생후 1개월 끝 무렵부터 아기는 6시간 동안 통 잠을 자기 시작한다. 아마 저녁이 되면 스트레스를 조금 더 많이 받기 시작할 것이다. 밤낮의 차이를 막 깨닫기 시작한 탓이다. 아기의 인생에서 보면 모든 것이 너무도 빠르게 지나간다. 아기는 자라면서 점차 적게 잔다. 6살이 되면 그래도 아직은 11시간은 자야 하지만, 그 뒤로 점점 잠자리에 드는 시간이 늦어진다.

수면 주기의 구성과 지속 시간도 금세 완전히 달라진다. 신생아 시절의 불안한 수면은 점차 차분한 수면으로 안정된다. 생후 6개월이 되면 불안한 수면이 차지하는 비중은 수면 상태 가운데 30% 미만으로 줄어든다. 서서히 어른의 역설수면 시간에 가까워지는 것이다. 이때부터 아기는 얕은 수면과 깊은 수면이 구별되는 서파수면을 시작한다. 서파수면 시간은 점점 늘어나서 전체 수면 시간의 절반을 조금 넘게 된다. 수면 주기도 길어진다. 이제부터는 약 70분 주기가 된다.

낮잠

초저녁 낮잠은 만 1세 무렵에, 아침 낮잠은 생후 18개월 무렵에 사라지고, 이른 오후에 자는 낮잠은 더 오래 간다. 만 4세 어린아이의 절반은 여전히 낮잠을 잔다.

아기는 무럭무럭 자란다. 생후 9개월, 깊은 수면(또는 숙면-옮긴이) 시간이 전체 수면의 3분의 1을 차지한다. 수면의 질도 매우 좋다. 역설수면의 비중은 '다 큰 사람'처럼 약 20%가 된다. 만 2세부터 수면 주기는 더 길어지고, 만 3~4세가 되면 성인처럼 90~120분 주기가 된다.

어른은 졸지만, 아이는 동요한다

아이들이 필요한 만큼 잠을 잘 자게 하려면 어떻게 해야 할까? 졸리게 하는 몇 가지 습관들이 있다. 먼저, 몇 분간 마음을 가라앉히는 시간인 수면 의식을 가진다. 가령, 침대 맡에서 이야기를 들려주고 항상 같은 말 한마디를 한 다음 조용히 침실을 나온다. 필요하면 애착 인형이나 이불을 대신 안겨준다. 침실은 조용하고 불빛 없는 안락한 분위기를 만든다. 수면

미래를 위해 설계되다

모든 포유류는 성체보다 새끼일 때 잠을 더 많이 잔다. 여러 종을 비교해 본 결과, 미성숙한 상태로 태어날수록 불안한 수면—미래의 역설수면—이 차지하는 비중이 큰 것으로 나타났다. 인간의 경우, 어른보다 아기에게서 불안한 수면의 비중이 2배 더 크다. 아기가 성장함에 따라 불안한 수면 단계는 짧아지고 질이 좋은 깊은 수면 단계가 늘어난다.

기복이 심한 수면 단계는 엄마 배 속에서 나올 때 불완전한 상태였던 아기의 뇌 발달과 성숙에 도움을 준다. 어린아이는 태어날 때부터 특정한 능력을 타고난다. 가령 정보를 파악하고, 얼굴을 보고 반응하고, 사람이 하는 말을 처리하고, 숫자 개념을 가지는 등의 능력을 이미 갖고 있다. 하지만 신경계는 아직 미성숙한 상태다.

세상에 태어나는 첫날부터 수면은 미래를 설계한다. 훗날 역설수면이 될 단계의 수면에서는 감각·운동 도식을 그리기 위한 신호가 흐른다. 이런 상호작용으로 운동계와 감각계가 케이블로 연결되는 것과 같다. 이는 아기가 당장에는 할 수 없는 행동을 할 수 있게 준비하는 단계인 셈이다. 따라서 '연결이 잘 이루어지면' 여러 운동이 조화를 이루고, 외부 정보에 적응하고, 자극에 반응하는 등의 결과를 얻게 된다. 이렇듯 첫 걸음마를 하기 전에 지능이 먼저 걸음마를 시작한다.

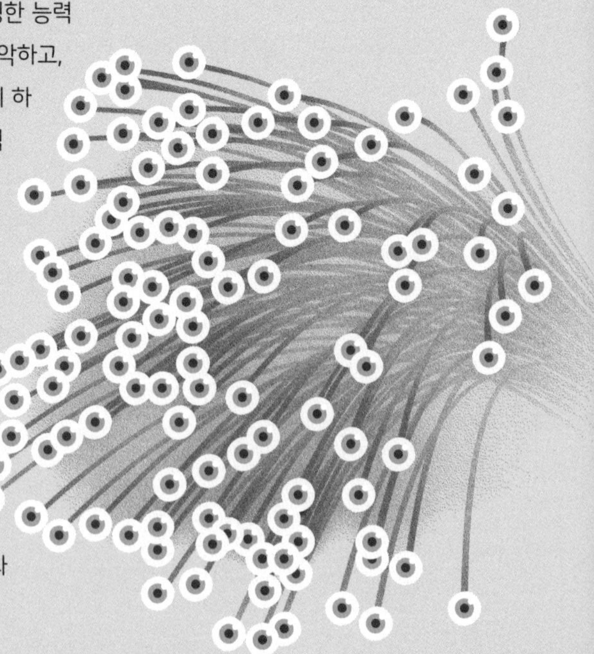

수면 시간

미국 국립 수면 재단에서 권고하는 연령별 수면 시간

0~3개월 > 14~17시간
4~11개월 > 12~15시간
1~2세 > 11~14시간
3~5세 > 10~13시간
6~13세 > 9~11시간
14~15세 > 8~10시간

수면과 학습

어린아이들의 깊은 서파수면은 질이 매우 좋아서 잠을 자고 난 뒤 수행 능력이 더 뛰어나다. 반면, 고령자들은 서파수면의 질이 떨어지고 밤잠은 더 잘게 쪼개진다. 또 무언가를 배운 뒤 잠을 잔 아이들은 그렇지 않은 아이들보다 배운 지식을 더 잘 복구해낸다. 반면, 고령자들은 잠을 잔 뒤에 기억력 테스트를 하면 더 나쁜 결과가 나온다. 서파수면의 변동이 심하기 때문일까, 아니면 고령자들의 뇌 가소성(뇌 세포의 일부분이 죽더라도 재구성되는 원리)이 떨어지기 때문일까? 딱 잘라서 비교 검토하기에는 데이터가 충분치 않다.

쥐와 작은 새를 대상으로 실험한 결과, 학습이 이루어지는 동안 가동된 신경세포들이 수면 중에 재활성화하는 것으로 나타났다. 각성 상태에서 자극받았던 뇌 부위가 배운 내용을 '복습'하는 것처럼 보인다. 심지어 잠이 든 금화조는 각성 상태에서 학습했던 노래의 선율을 머릿속에서 되뇌는 것이 확인되었다. 인간의 뇌를 단층 촬영한 결과, 자는 동안에 학습과 관련된 조직이 재활성화되었다. 이를 통해 학습한 내용이 강화된다는 것을 확인할 수 있다.

우리는 경험을 통해 잘 알고 있다. 밤잠을 푹 자지 못하면 다음 날 무언가를 배우기가 더 어렵다는 것을. 여러 나라(이스라엘, 터키, 중국, 캐나다, 미국, 프랑스)에서 실시된 다수의 연구 결과, 수면과 학교 성적 사이에 깊은 연관이 있다는 것이 밝혀졌다. 20세기 말, 시카고 대학교의 데이비드 고잘 박사가 이끄는 연구진은 학교 성적이 나쁜 아이들 가운데 80%가 수면의 질이 비교적 나빴다는 사실을 밝혀냈다. 호주에서는 2,880명의 어린이를 대상으로 출생부터 만 6~7세까지 코호트 연구를 진행했다. 그 결과, 아이들이 분노와 울음을 폭발시키는 등 감정 조절 능력이 떨어지는 것과 수면 장애가 밀접한 관계에 있었다. 또한, 어린아이들은 수면 시간이 10시간 미만이면 과잉 행동 위험이 3배 증가했다.

리옹 대학교의 한 연구팀이 초등학생용 수면 교육 게임 프로그램을 개발하여 실제로 학생들을 대상으로 시험을 실시했다. 그 결과, 아이들은 수면의 역할을 알게 되었고, 예전보다 일찍 잠자리에 들었다. 연속으로 사흘 밤이 지나자 아이들의 수면 시간이 약 30분씩 증가했으며, 이와 함께 딴생각에 빠지지 않고 주의력을 유지하는 능력도 좋아졌다.

등만 켜도 멜라토닌 분비를 방해한다. 규칙적인 수면 시간을 잘 지키고, 저녁에 흥분을 유도하는 음료수를 마시지 않고, 방 안에 스크린이 있는 스마트 전자기기를 두지 않으면 쉽게 잠드는 데 도움이 된다.

그런데 때때로 다른 이유가 끼어들어서 방해하기도 한다. 예를 들면, 어린아이들이 동요된 상태에서 전혀 자리에 누울 생각도 하지 않은 채 도전적인 말투로 "잠이 안 온다"고 우기는 경우가 있다. 그 순간 잠자리에 들게 하는 것은 그야말로 전쟁이다. 이럴 때면 아이들의 이야기에 귀를 기울이지 않는 편이 좋다. 그 대신 잠이 오는지 확실히 알 수 있는 몇 가지 신호가 보이는지만 확인한다. 눈을 비빈다거나, 머리카락이나 귀를 만지작거리거나, 애착 인형을 쓰다듬거나, 시선이 허공을 보고 있으면 졸리다는 신호다. 살짝 추워하는 경우도 마찬가지다. 잠이 드는 순간에는 체온이 내려가기 때문이다. 흥분하거나 더 나아가 과하게 흥분 상태라면 이것도 피곤하다는 신호다. 어른들은 피곤하면 하품을 하고 꾸벅꾸벅 졸지만, 이와 달리 아이들은 고함을 지르고 짜증을 낸다. 수면 부족은 이런 종류의 동요만 일으키는 것이 아니라 장기적으로는 학습과 습득 능력에도 영향을 준다.

잠은 벌이 아니다!

물론, 단호함을 발휘하면 아이는 격렬히 항의하고 울며불며 소리친다. 그러다 보면 모두가 소리만 지르다가 실패로 끝나고 만다. 결국, 이번에도 잠을 제대로 자지 못했다. 그렇다면 어떻게 해야 할까?

좋은 수면 습관을 들이기 힘들다고해서 의기소침할 필요는 없다. 눈이 뻑뻑해지고, 애착 인형을 찾게 되고, 저녁에 살짝 한기를 느낄 때가 바로 잠자리에 들기 좋은 시간이라고 설명해 주면, 아이들은 점차 언제 피곤한지 스스로 구별할 줄 알게 된다. 자기 몸이 반응하는 것을 기준으로 잠잘 때가 되었음을 알아차리고 이내 곯아떨어지리라는 것도 안다. 이렇게 되면 불안한 순간이 유쾌한 순간으로 바뀌고, 갈등의 씨앗도 제거할 수 있다.

아이들은 이런 달콤한 수면 분위기에 익숙해진다. 어린아이의 수면 문제는 의학적 원인(역류, 이염, 복통, 변비, 알레르기, 이앓이, 드러나지 않은 기타 질병)인 경우가 드물다. 그보다는 아이에게 마음을 푹 놓고 혼자 잠자는 법을 가르치지 못한 탓이 크다. 그런데 생후 6개월에서 만 3세 사이의 아동 가운데 적어도 4분의 1은 수면 장애를 겪는다. 이들은 잘 잠들지 못하고, 자다가 깨느라 다음 날 피곤해한다. 이런 문제는 남자아이들보다는 여자아이들에게서 많이 나타난다. 유아 전문가들에 따르면, 이런 어려움을 겪은 아이들의 수가 점점 늘어나고 있다.

여러 연구 결과가 말해 주듯, 수면 시간이 짧은 것과 감정을 조절하는 것 그리고 주의력이 부족한 것 사이에는 밀접한 관련이 있다. 여기에 행동 장애, 과잉 행동, 낮은 학교 성적도 뒤따라온다. 그러면 대개 병원을 찾지만 별 효과가 없다. 많은 경우, 특별한 다른 질환이 숨어 있는 경우가 아니라면 잘 자는 것으로 대부분 해결된다.

밤 괴물

악몽과 야경증. 밤에 나타나 아이들을 괴롭히는 이 두 괴물은 만 2세에서 6세 사이에 주로 나타난다. 이 연령대는 외부 세계를 발견하고 많은 것을 습득하는 시기다. 악몽은 밤에 잠이 든 뒤 초반에 자주 꾼다. 악몽은 근본적인 불안(분리 불안, 유기 불안, 외로움에 대한 불안, 학대, 무기력, 죽음에 대한 불안)을 드러낸다. 질병, 고통, 변화, 습득의 전환점, 특정 사건 등을 겪으면서 불안 수준이 높아지면 악몽을 꾼다.

야경증은 잠들고 1~3시간 뒤, 서파수면기에 주로 나타난다. 아이의 심장은 매우 빨리 뛰고, 땀범벅이 되어 울부짖는다. 완전히 혼란한 상태다. 뭐라고 말해도 듣지 않을 뿐더러 알아듣지도 못한다. 하지만 아침에 일어나면 기억하지 못한다. 야경증은 몇 초 혹은 몇 분간 자율 신경계가 흥분하면서 일어나는데, 딱히 손쓸 방법이 없다. 그저 옆에 있으면서 지나가기만 기다릴 뿐이다. 야경증에 시달릴 때 깨우면 오히려 아이의 걱정을 키워서 또 한 번 야경증이 나타날 가능성만 커진다.

청소년기의 고삐 풀린 잠

자, 이제 모든 일이 아무 문제없이 술술 잘 풀린다고 상상해 보자. 아이는 합리적인 시간표에 따라 규칙적으로 잠자리에 들고 상쾌한 기분으로 아침에 일어난다. 수면 시간도 나이에 맞게 정상적으로 조금씩 변한다. 낮과 밤이라는 강물이 고요히 흐른다…폭풍이 일기 전까지.

어느 날 아침, 아이는 청소년이 된다. 밤마다 흥분의 도가니다. 남자 친구 또는 여자 친구와 통화도 해야 하고, 동영상도 보고, 깜빡 잊고 안 한 숙제도 급히 해야 한다. 모든 할 일들이 취침 시간을 뒤로 미루게 만든다. 그런데 아침이 되면 밤과는 정반대 상황이 펼쳐진다. 조개가 껍데기 속에 숨어 있듯, 이불 속에 콕 박혀 있다. 한 마디로, 이불 밖으로 나오지 못한다. 아침에 학교에 갈 때마다 허겁지겁 뛰쳐나가기 일쑤다! 학교에 가지 않는 날이면 점심시간까지, 심하면 오후까지 늘어지게 늦잠을 잔다.

이런 시차는 청소년들의 머릿속에만 존재하는 것이 아니다. 우선, 청소년기라는 과도기에는 실제 여러 생리적 욕구가 나타난다. 급속한 성장, 학업 부담, 다양한 자극 때문에 에너지 소모가 크다.

그래서 만 18세 정도까지 평균 9시간은 수면을 취해야 한다.

생물학적 편차 청소년들의 취침 시간을 뒤로 미루게 만드는 현상은 하나 더 있다. 만 11세 혹은 12세가 되어 사춘기가 시작되면, 일부 청소년은 이른바 호르몬 '단계 지연'을 겪는다. 마치 생체 시계가 체계적으로 1시간 늦춰진 것처럼. 청소년들이 자신의 느려진 생체 리듬을 그대로 따르도록 내버려 두면, 밤 11시 이후에 늦게 자서 아침 9시 이후로 늦게 일어나게 될 것이다. 대개 이런 단계 지연은 남자 청소년들보다는 여자 청소년들에게서 조금 일찍 시작되어 짧게 끝난다. 하지만 남녀불문하고 전체적으로 보면 생물학적 청소년기는 통상적으로 알려진 것보다 더 오래 이어진다. 단계 지연은 점차 커지는 경향이 있으며, 여자 청소년의 경우 19.5세, 남자 청소년의 경우 20.9세에 정점에 이른다.

이 시기에 보이는 청소년 특유의 행동과 스마트 기기 사용 때문에 이런 편차는 더 심해진다. 1980년대 말 이래로 청소년들의 하루 수면 시간은 2~3시간 줄어들었다. 그 결과 낮에 더 졸리고, 일찍 일어나야 하는 평일에 잠이 부족해져 주말이나 방학 때 잠을 몰아서 보충하려고 한다. 그러다 보면 들쭉날쭉한 일과 시간 때문에 더욱 주중에 잠들기 어려워진다. 이렇게 나쁜 습관이 자리 잡으며 악순환이 반복된다.

협상해서 조절하라

청소년들의 시각에서 보면, 잠보다 중요한 일은 너무도 많다. 친구, 휴식, 운동, 숙제, 밤에 혼자 있는 시간, 스마트폰 보기 등….

많은 중학생과 고등학생이 수면 부족을 호소한다. 이들은 자주 피곤해하고 쉽게 짜증을 내며, 졸음 때문에 수업을 듣기 힘들어한다. 또한, 자기 스스로도 집중하기 어렵고 감정 기복이 심한 것을 느낀다. 과연 이런 악순환에서 벗어날 수 있을까?

아침에 일찍 등교해야 하는 학교는 행동과 선택의 폭을 제한한다. 유일한 해결책은 일찍 잠자리에 드는 것. 그렇다고 막무가내로 밤 9시에 불을 꺼버린다고 될 일이 아니다. 그 대신 협상의 문을 열어 두어야 한다.

가령, 침대를 밥도 먹고, 놀고, 공부하고, 전화도 하는 장소로 사용하지 말고 잠만 자는 곳으로 이용하기로 말이다. 낮잠을 자지 않고, 낮 동안 충분히 에너지를 소비하고, 침실은 상쾌하고 안락한 상태를 유지하도록 한다. 이렇게만 해도 수면에 유리한 점수를 몇 점은 올리고 들어간다.

만약 여러분이 이미 청소년이 되었더라도 절대 늦은 것은 아니다. 밤에 살짝 한기를 느끼는 것은 잠들기 좋은 신호이니 이를 감지하도록 하고, 잠자리에 들기 전에 날마다 같은 루틴을 반복하도록 연습한다. 가령, 차분한 음악 한 소절을 듣거나, 책을 한 페이지 읽거나, 일기를 쓰는 것도 좋다. 그런 다음에는 자신의 능력을 믿으면 된다. 차이가 크지 않게(혹은 동떨어지지 않는) 행동하는 것이 도움이 된다고 믿고, 잘 자고 일어나서 예전과는 다른 삶을 살 수 있다는 것을 스스로 믿어야 한다. 부디 행운을 빈다!

만 15~24세 연령층 가운데 38%는 매일 밤 수면 시간이 7시간에 미치지 못한다.

수면 부족

만 15~24세 청년의 90% 이상은 침대에서 잠만 자지 않는다. 이들은 평균 1시간 이상 침대에서 다른 활동을 한다. 이것은 프랑스 국립수면·각성연구소(INVS)가 2018년 15~24세 청년 1,014명을 대상으로 한 설문 결과로 얻은 정보다. 이들 가운데 대다수는 스마트폰을 한다고 했다. 그중 88%는 수면이 부족하다고 하고, 38%는 밤에 7시간 미만 잔다고 하며, 38%는 잠들기 힘들다고 했다.

2017년 프랑스 국립보건의학연구소에서 파리 지역 학교에 다니는 14세 청소년 177명을 대상으로 진행한 연구에 따르면, 청소년들은 충분히 자지 못하거나 너무 늦게 잠자리에 들어서 뇌의 회색질 부피가 감소한다고 한다.

5

모래시계에 맞춰 돌아가는 생체 시계

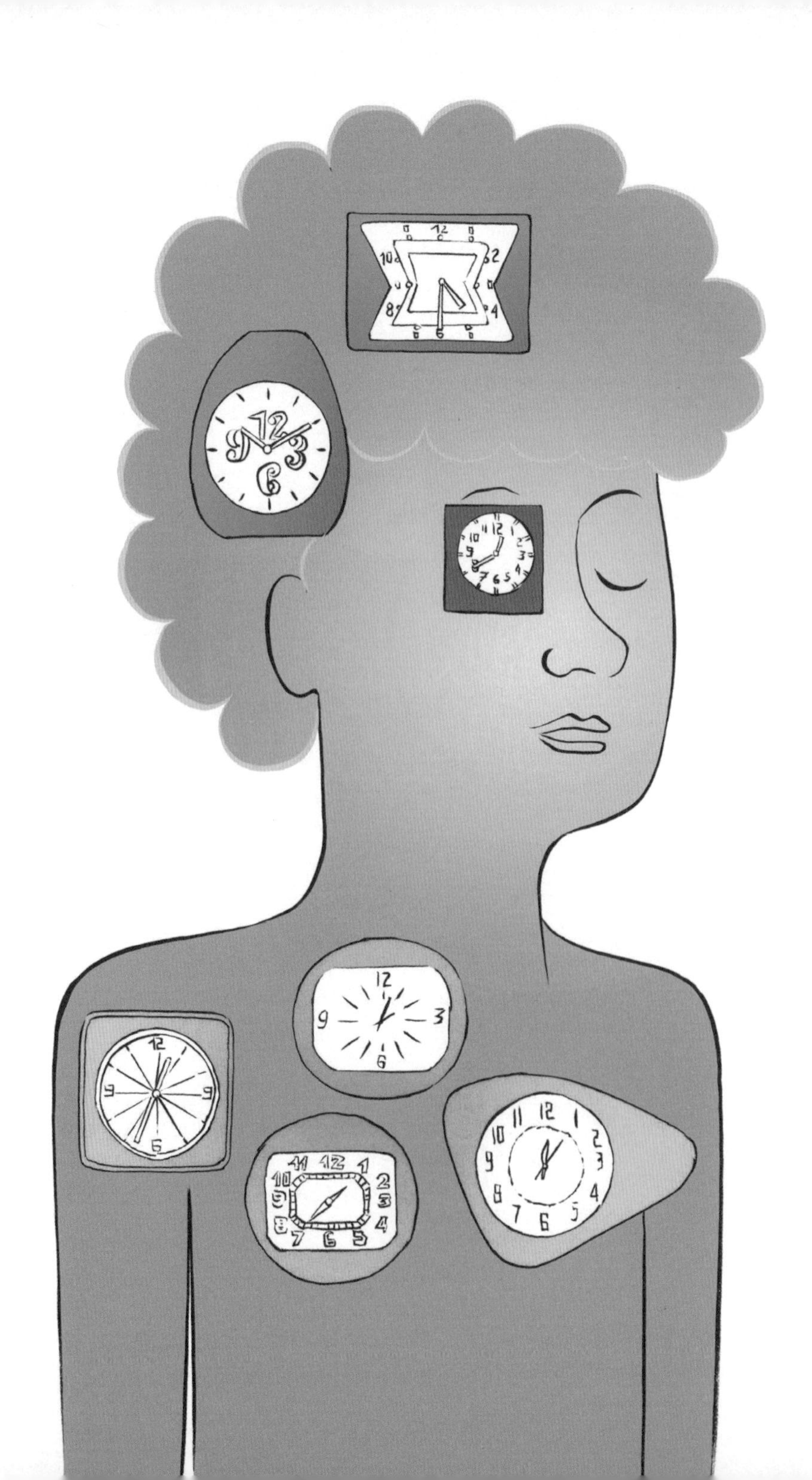

째깍째깍, 잠이 몰려온다.

우리 생체 시계는 자기 딱 알맞은 시간을 찾아 프로그래밍한다.

자전하는 지구처럼 우리 몸 안에서도 약 24시간 주기로 순환이

이루어지기 때문이다. 이런 순환의 고리가 불러오는 규칙적인 현상들

중에 가장 명백한 것은 각성과 수면이 번갈아 일어나는 현상이다.

이 메커니즘은 우리 유전자 안에 새겨져 있어 우리 의지와

상관없이 작동한다.

그렇다고 단독으로만 작동하는 것은 아니다.

환경, 특히 빛이 이 메커니즘을 자극한다. 게다가 각성 상태가 길어지면

잠으로 가득 찬 모래시계가 뒤집히며 생체 시계의 시간을 새로 맞춘다.

생체 시계

우리가 자는 동안 우리 몸에서는 무슨 일이 벌어지는 걸까? 배도 고프지 않고 체온은 떨어진다. 유전자가 활성화되고 호르몬이 분비된다. 장운동은 감소하고 혈압도 변한다. 그런데 딱히 생각하지 않아도, 그러고 싶다는 욕구를 표현하지 않아도, 이 모든 것이 일어난다. 게다가 그렇게 돌아가는 흐름을 거스를 수도 없다. 이것은 심장 박동만큼 '자연스러운' 메커니즘이다.

수면이라는 이 욕구는 반복적인 상호작용에 의해 생겨난다. 생체 시계는 일종의 알람—특히 아침 자명종—이 아니라, 시계 눈금판을 한 바퀴 도는 것으로 생각하면 된다. 약 24시간마다 한 바퀴를 다 돌면 다음 순환이 시작된다.

이런 생체 시계는 단 하나만 있는 것이 아니다. 이 시스템은 뇌에 있는 이른바 '마스터' 시계와 온몸(심장, 간, 신장, 허파, 근육, 망막…)

일주기 생체 리듬

지구가 자전축을 중심으로 자전하면서 낮과 밤이 번갈아 나타난다. 생명체들은 이런 주기에 적응해서 체내 활동 리듬을 발달시킨다. 자전 시간과 비슷한 이런 일주기 리듬circadian rhythm은 '주위'라는 뜻의 라틴어 circa와 '낮'을 뜻하는 dies가 합쳐진 말이다. 그런데 이 생체 시계에 맞춰져 있는 것은 수면만이 아니다. 호르몬 분비, 체온 변화, 혈압, 주의력도 생체 시계의 영향을 받는다.

에 있는 다른 시계들로 이루어져 있다.

이러한 일주기 생체 리듬은 체내 온도와 코르티솔과 멜라토닌 호르몬의 분비를 좌우한다. 이 일주기는 개인에 따라 24시간보다 조금 길거나 짧은 시간으로 거의 확정되어 안정적으로 유지된다. 자신이 아침형 인간인지 올빼미형 인간인지는 두고 봐야 할 문제다. 생체 시계는 한 바퀴 돌면서 저녁에 잠잘 시간과 아침에 일어날 시간을 정한다. 이런 단계들로 순환 고리가 이루어진다. 지구는 그 어떤 상황에도 규칙적으로 도는 자전을 멈추지 않지만, 사람의 순환 시스템은 습관, 상황, 환경의 자극, 특히 빛에 따라 속도가 느려지거나 빨라진다.

모래시계

생체 시계의 통제를 받는 일주기 시스템 외에도 각성과 수면이 번갈아 일어나는 현상을 조절하는 또 하나의 규칙이 있다. 일종의 모래시계로 상상해 볼 수 있다. 잠들지 않는 시간이 쌓여 채워지는 모래시계 말이다.

그렇다면 이 모래시계를 채우는 모래에 해당하는 것은 무엇일까? 우리에게 자야 할 필요성을 느끼도록 압력을 가하는 것이 무엇인지 정확히 알지는 못하지만, 아데노신으로 추정한다. 아데노신은 활동기 동안 분비되고 카페인에 의해 억제되는 수면 유도 분

자다. 숙면을 취하고 나면 이 모래시계는 다시 뒤집어져 비워진다.

이 과정은 수면 욕구와 각성 시간 사이의 간격을 좁혀서 균형을 유지하기 때문에 '항상성'이 있다고 보인다. 늦게까지 깨어 있거나, 밤잠 시간이 너무 짧거나 자주 깨는 토막 잠을 자고 난 뒤에는 수면이라는 모래알들이 기하급수적으로 쌓여서 포화 수위까지 이른다. 계속해서 점점 많이 쌓이지만, 쌓이는 속도는 느려진다. 이런 수면 압력은 뇌파 검사로 확인할 수 있다. 졸릴 때 나타나는 특징적인 뇌파가 증가하는 것에서 알 수 있는데, 이 뇌파는 얕은 서파수면에 진입하는 순간에도 나타난다.

그래서 우리 모두 더 많이 자고 더 잘 자야 한다! 수면이 부족한 상태에서 자는 잠은 평범한 하루 끝에 자는 잠과는 다르다. 마치 수면 욕구에 따라 균형을 잡는 것처럼, 수면이 부족한 상황에서는 잠자는 시간도 길고 델타파도 더 활성화된다. 이는 깊은 수면 중에 나타나는 특징과 같다. 이렇게 못 잤던 잠을 보충하고 나면, 수면 압력은 다시 제로로 돌아간다. 그리고 새로운 하루가 시작된다. 그럼 다시 생체 시계가 돌아가고, 아데노신 모래시계도 점점 채워진다.

이들 생체 시계와 아데노신 모래시계는 상호작용한다. 두 시계가 조화를 이루면 수면의 질이 더 좋아진다. 달리 말하면, 체내 순환 고리 안에 프로그래밍되어 있는 수면 시간에 수면 압력이 충분히 축적되었을 때 잠자리에 들기 딱 좋은 상태가 된다.

반면, 생체 시계의 순환 고리에 정해진 잠 잘 시간이 지나거나 각성 수준이 다시 높아지면, 잠자기 어려워진다. 그때는 다시 돌이키기엔 너무 늦다. 얼마간 불쾌한 영향을 받을 수밖에 없다. 마찬가지로, 늦은 시간에 너무 오랫동안 낮잠을 자면 수면 압력이 떨어진다. 그러면 정작 밤에 생체 시계가 잠 잘 시간이라는 신호를 보내도 그것만으로는 잠에 들지 못한다.

신경생물학자 클로드 그롱피에와의 대담

지구와 함께 모든 것이 돈다!
지구의 24시간 주기가 우리의 수면을 부분적으로 조절한다.

작가 피에르 코르네유는 "시간은 그랜드 마스터와 같아서, 수많은 것을 결정한다."라고 했습니다. 생체 시계도 마찬가지죠! 그런데 왜 하필 시계라고 하는 걸까요? 그리고 이런 생체 시계는 어떻게 작용할까요?

우리 체내에서는 환경이 어떠하건 여러 가지 반응과 기능, 활동이 규칙적으로 반복되어 일어납니다. 약 24시간 주기에 맞춰진 우리 몸의 메커니즘이 특정 활동들을 통제하기 때문이지요. 더 구체적으로 말하면, 이 시간 동안 분자 차원의 순환 고리가 작동합니다. 유전자는 단백질로 바뀌어 다른 유전자를 억제하거나 활성화합니다. 이 모든 과정이 대략 24시간 안에 이루어집니다.

그러면 특정 세포 안에서는 호르몬 분비와 같은 규칙적인 활동이 일어납니다. 특정 신경세포 안에서는 전기적 활동이 일어나기도 합니다. 신체 기관도 이 리듬에 맞춰 작동하지요. 태엽을 감으면 다시 움직이기 시작하는 시계와 비슷합니다.

이 주제에 대한 최초의 실험은 1938년에 이루어졌습니다. 실험 결과, 미국의 물리학자 나다니엘 클라이트만은 생활 리듬을 28시간 주기로 바꿔도, 체온이 떨어지는 주기는 여전히 24시간 주기로 맞춰져 바뀌지 않는다는 것을 발견했습니다.

그렇다면 우리 인간만 이런 생체 시계를 따르는 건가요?

절대 아닙니다! 거의 모든 종에게서 늘 같은 시간에 같은 방식으로 규칙적인 현상이 일어난다는 것이 확인되었습니다. 식물도 마찬가지입니다. 1729년, 프랑스의 천문학자이자 지구물리학자 장-자크 도르투 드 매랑은 밤이면 잎을 접는 식물인 미모사가 일정한 기온 아래 어두운 곳에서 이 규칙적인 리듬을 유지한다는 사실을 관찰했습니다. 이를 바탕으로 그는 미모사가 해를 보지 않더라도 해를 '느낀다'고 추론했습니다.

오늘날에는 이런 현상의 원인이 감각에 있는 것이 아니라 체내에 있는 생체 시계 때문이라는 것이 밝혀졌지요. 이런 일주기 리듬은 전적으로 지구 자전의 결과로, 박테리아부터 버섯, 인간에 이르기까지 모든 종에 적용됩니다.

다만 몇몇 예외가 있습니다. 심해 생물들은 24시간 주기에 따른 활동을 하지 않는답니다.

왜 이런 주기가 존재하는지 그 이유가 알려졌습니까?

이 리듬을 따르지 않는 유일한 몇몇 종들은 전적으로 안정된 환경에서 살아갑니다. 이것으로 보아 그 외 다른 곳에서는 환경 변화에 대비하기 위해 일주기 리듬이 있는 것으로 추정됩니다.

코르티솔 분비가 그렇습니다. 코르티솔은 잠에서 깨기 전, 한밤중에 분비되기 시작합니다. 아침에 알람이 울릴 때쯤 되면 우리 체온은 이미 상승한 상태랍니다. 그러니까 코르티솔은 알람이 아니라 생체 시계의 명령에 따라 자신이 해야 할 일을 한 것입니다.

쥐를 대상으로 한 실험에 따르면, 생체 시계는 신체 컨디션과 적응력을 높이는 역할을 하는 것으로 나타났습니다. 모든 종은 자신이 처한 환경의 주기에 생체 시계가 잘 들어맞을 때 능력이 향상됩니다.

이 일주기는 얼마나 지속되나요?

일주기 지속 시간은 우리 각자의 유전자 안에 새겨져 있습니다. 개인에 따라 23시간 30분에서 24시간 30분까지 다양합니다. 평균적으로 인간의 경우 한 번 주기가 도는 데 24시간 10분이 걸립니다. 여성의 경우는 6분 정도 짧지요. 흔히 가장 본질적인 일주기 리듬은 25시간으로 맞춰져 있다고들 합니다만, 이것은 틀린 말입니다! 25시간이라는 수치는 편향적인 실험을 근거로 나온 것이거든요. 이 실험을 하는 동안, 사람들이 '시간을 초월하여' 잠자리에 드는 시간이 늦어질 정도로 빛에 많이 노출되었기 때문입니다.

이 외에 다른 실험들도 많이 있습니다. 그 가운데 프랑스 동굴학자 미셸 시프르가 1962년에 진행한 실험이 큰 반향을 불러일으켰지요. 그는 시계나 달력처럼 시간을 알려 주는 지표 하나 없이 130m 깊이의 동굴에서 62일을 지냈습니다. 외부 세계와 단절되고 밤낮의 변화도 없는 상태에서 배가 고프면 먹고, 피곤하면 자고, 일어나고 싶을 때 일어나는 생활을 계속했지요.

동굴 속 환경은 썩 좋지 않았습니다. 기온은 약 0도 정도였고, 공기는 매우 습했으며, 기본적인 편의 시설만 갖추었지요. 시간관념이 없는 상태에서 그의 각성·수면 주기는 매일 30분씩 차이가 났습니다. 즉, 그의 자연스러운 생체 시계는 24시간 30분 주기로 맞춰졌지요. 그 당시에는 생체 리듬이 지구 자전에 따른 자기장과 관련되어 있다는 생각이 지배적이었습니다. 그래서 만약 미셸 시프르의 생체 주기가 24시간이었다면 이런 자기장 가설이 여전히 유효했을지도 모르겠습니다.

그러니까 우리는 이 유명한 생체 시계의 통제를 받아 분비되는 특정 물질들에 따라 특정 순간에 잠을 자는 것이군요. 그렇다면 자는 동안 분비되는 물질 역시 우리가 좋은 컨디션으로 새로운 하루를 시작하는 데 도움을 주나요?

그렇게 간단한 문제는 아닙니다. 잘 알려져 있듯, 많은 일이 생체 시계의 통제를 받기 때문에 이루어집니다. 그래서 수면을 제거하더라도 이런 현상들은 여전히 일어나지요. 예를 들면, 코르티솔이 초저녁에 매우 낮은 수준을 유지하는 덕분에 우리는 잠들 수 있습니다. 우리가 잠을 자지 않더라도, 생체 시계는 한밤이

코르티솔

이 호르몬은 초저녁에는 미미하게 분비된다. 그러다가 새벽 2~4시 사이에 증가해서 아침에 깰 때쯤이면 정점에 달한다. 이렇듯 코르티솔 분비는 생체 시계의 영향을 받는다. 또한, 야간 근무를 하거나 여행으로 시차를 겪는 것과 같은 변화가 생기면 코르티솔 분비 리듬에 영향을 받는다. 수면 박탈과 야간 각성도 코르티솔 분비를 증가시킨다.

멜라토닌

이 호르몬은 해가 저물 즈음 분비량이 늘면서 잘 잠들 수 있게 도와준다. 새벽 2~4시에 정점을 찍은 뒤, 멜라토닌 농도는 떨어지기 시작해서 아침이 되면 잠에서 깬 뒤 얼마 후에 제로 상태가 된다. 멜라토닌 생성은 빛의 영향을 받는다. 개인에 따라 분비량은 어느 정도 차이가 난다. 나이가 들면서 줄어드는 경향을 보인다.

될 때까지 '기다린 뒤에야' 코르티솔 분비가 시작되게 합니다. 멜라토닌도 마찬가지입니다. 불을 끄면 분비되는 것이 아니라, 24시간 주기 가운데 정확히 일정 시간 동안 규칙적으로 분비되는 것이랍니다.

생체 시계는 잠과는 무관합니다. 어떤 것이 잠과 상관있고 없는지 구별하기가 늘 간단하지는 않아요. 코르티솔이나 멜라토닌과는 달리, 어떤 물질들은 자는 동안 생성됩니다. 가령, 잠을 자지 않으면 성장 호르몬과 유즙 분비 호르몬인 프로락틴은 밤 동안 분비되지 않는답니다.

생체 시계가 24시간으로 맞춰져 있지 않다면, 우리 모두 어떻게 하루 주기로 살고 있나요?

사실, 생체 시계에 있는 분자들이 작동하는 데에는 누구의 도움도 필요하지 않습니다. 한 바퀴 도는 시간은 종종 하루보다 짧기도 하고 길기도 하지요. 다행히 우리에게는 동조화 인자가 있답니다! 동조화 인자는 자연스럽게 빗나간 부분을 고쳐서 환경에 맞게 생체 시계를 다시 정확히 맞춰 주지요.

이런 동조화 인자 가운데 가장 중요한 것이 바로 빛입니다. 가령, 사람들을 빛에 노출시키는 방법으로 24시간 39분이라는 화성에서의 하루 리듬에 따라 살게 만들기도 했습니다. 이 주기로 동조화하는 데 성공한 것이지요.

그러므로 생체 시계를 자극하는 것은 가능하다고 할 수 있습니다. 다만, 무한히 가능한 것은 아니고 어느 정도 범위 안에서 가능합니다. 지금껏 잠이 다시 오지 않게 해서 수면을 차단할 수 있었던 사람은 아무도 없습니다. 기면증 치료제로 개발된 강력한 각성 물질인 모다피닐조차도 부족한 잠을 보충하고 싶은 욕구는 막지 못합니다. 게다가, 모다피닐의 효과는 시간이 지나면서 감소한답니다.

이 말인즉슨, 빛에 따라 주기가 빨라지기도 하고 느려지기도 한다는 뜻인가요?

실제로 동조화는 한 바퀴 도는 동안 앞서거나 물러서게 만들어 자연 그대로의 생체 시계와 같은 수준에 도달하게 만듭니다. 일반적으로, 빛에 잘 노출되면 생체 시계가 동조화됩니다. 이런 동조화는 좋은 수면과 좋은 각성을 위해 없어서는 안 되는 것입니다. 빛의 효과는 매우 논리적입니다. 15개의 뇌 조직이 우리 망막에 직접 연결되어 있거든요. 이들 조직은 기억, 인지, 기분, 신진대사 등에 관련되어 있습니다. 빛에 충분히 노출되면, 각성과 그 뒤에 이어지는 수면에 꼭 필요한 이 모든 기능이 최적화됩니다.

그밖에도 생체 시계를 동조화해서 우리가 더 쉽게 잠들고 일어날 수 있게 도와주는 요소로는 무엇이 있나요?

수면은 낮 동안 만들어집니다. 운동이 유익하다는 사실은 오래전부터 알려졌습니다. 그런데 운동 자체가 효과가 있는 것인지, 아니면 운동하는 동안 빛에 더 많이 노출되어서 그런 것인지 의문을 가질 수 있습니다.

결론적으로 이 두 가지 모두 중요합니다! 신체 활동과 빛에 대한 노출이 증가할수록 수면의 질이 높아집니다. 반면, 움직이지 않고 가만히 있으면 신체 활동이 감소하고 햇빛 노출도 줄어들지요.

프랑스 국립수면·각성연구소에서 진행한 조사 결과, 움직이기 싫어하는 사람들이 그렇지 않은 사람들보다 주간 졸음과 수면 장애를 더 자주 호소한다는 사실이 알려졌습니다. 커피와 멜라토닌도 동조화 효과가 있지요. 인간의 경우, 외부 기온이 동조화 인자 역할을 한다는 것은 어디까지나 아직은 가설입니다. 한편, 음식 섭취는 간의 생체 시계를 동조화하는 데 개입하지만, 수면·주기나 중앙 생체 시계(또는 마스터 시계)를 동조화하지는 않습니다. 저녁에 먹는 음식과 수면 방식 사이의 관계는 많이 언급되고 있기는 하지만, 그 근거가 되는 증거 수준은 그리 높지 않답니다.

그래도 이런 생체 시계에서 '벗어날' 수도 있지 않습니까? 예를 들어, 청소년들은 때때로 잠을 아주 많이 자기도 하잖아요.

청소년의 경우에는 이 주기가 더 길어서 약 24시간 50분 정도까지 될 수 있다는 사실이 밝혀졌습니다. 즉, 청소년의 생체 시계가 더 느리게 돈다는 뜻이지요. 그러나 이것만으로는 다 설명되지는 않습니다. 자기 전에 스마트폰 같은 전자기기의 스크린을 통해 빛에 과도하게 노출되고, 청소년기에는 이 빛에 반응하는 정도가 증가하기 때문에 생체 시계가 지연되는 것입니다. 게다가 어떤 연구에 따르면, 청소년의 경우에는 수면 압력이 더 느린 속도로 높아졌다가 내려간다고 합니다. 그러면 잠들고 잠 깨는 시간도 그만큼 지연되겠지요.

6

시차부터 스마트폰까지, 잠을 방해하는 것들

생체 시계와 아데노신 모래시계가 조화를 이루어
우리가 편안히 잠들 수 있다면 정말 완벽할 것이다.
하지만 간혹 내적 혹은 외적 원인이 쌓여서 이 두 시계가 엇박자를 내면
이야기는 달라진다. 불협화음의 유형은 매우 다양하다.
자연광이건 인공광이건 적절치 않은 시간에
불쑥불쑥 빛에 노출되는 경우,
스포츠 활동 중에 대기록을 달성하느라 수면 패턴이 깨지는 경우,
시험공부에 매달리느라 밤을 새는 경우 등이 있다.
어떤 압박을 받거나, 약간의 다른 점을 느끼거나,
심지어 일시적인 감정으로도 균형이 깨질 수 있다.
이런 연쇄 반응은 상당히 명확하게 드러난다.

너무 일찍 자거나
너무 늦게 자거나

제아무리 강력한 지배자라도 약점은 있기 마련이다. 정확할 것만 같은 일주기 리듬도 간혹 고장이 난다. 수면위상전진증후군과 수면위상지연증후군이 그것이다. 이들 증후군으로 고통받는 사람들이 각자에게 맞는 시간대로 생활할 수만 있다면 수면의 질과 정상적인 수면 시간을 회복할 수 있다. 하지만 그렇지 못한 경우에는 불면증과 졸음으로 고통받는다. 두 증후군을 유발하는 원인으로 확인된 한 가지 유전적 요인이 있는데, 그밖에도 여러 요소가 관여한다. 특히 청소년의 경우가 그렇다.

수면위상전진증후군은 고령층에서 비교적 많이 관찰된다. 주요 수면 시간대가 원하는 시간대보다 2시간 이상 앞당겨지는 경우다. 즉, 저녁 6시에서 9시 사이로 빨라지는 것이다. 반대로 수면위상지연증후군은 주요 수면 시간대가 2시간 이상 늦춰진다. 이 경우, 새벽 1시 전에 잠들기가 어렵다. 이런 경향은 청소년들에게 더 많이 나타난다. 그리고 보통 수면위상전진증후군보다는 지연증후군이 있을 때 병원을 찾아 진료를 받는 경우가 더 많다.

시차증 & 서머 타임

수면·각성 주기가 번갈아 나타나다 보면 이외에도 여러 교란이 일어날 수 있다. 시간대가 바뀌면 체내 리듬과 외부 지표(빛, 식사 시간

등)가 모순에 빠진다. 일주기 시스템을 이루는 작은 생체 시계들도 서로 비동조화된다. 일부는 며칠 만에 새로운 시간대에 적응하지만 다른 일부는 몇 주가 걸리기도 한다.

신체가 적응해서 완전히 조화를 이루기 전까지 겪는 것이 바로 '시차증'이다. 몇몇 장애를 겪기도 하지만, 대부분 어느 정도 잘 견디고 넘어간다. 지역을 서쪽으로 이동하면 이전보다 자고 일어나는 시간이 늦어지는데, 일반적으로 동쪽으로 이동할 때보다는 견디기 수월한 편이다. 어느 방향으로 이동하건, 새로운 리듬에 맞춰서—자고 싶지 않아도—자고, —식욕이 없어도—먹으려 노력해야 한다. 그리고 더 잘 적응할 수 있도록 최대한 쉬어야 한다.

1976년, 조명 수요를 줄이기 위해 전 세계 70개국이 채택한 하계 일광 절약 시간제, 소위 '서머 타임'이라고 하는 제도 역시 시차를 유발하기 때문에 시간생물학자들로부터 많은 비판을 받는다. 서머 타임제로 봄부터 가을까지 수면·각성 주기를 1시간 앞당기면, 공식 자오선 상의 태양보다 시계 시간이 2시간이나 빨라진다. 그 결과, 빛 노출 시간이 아침에는 줄어들고 저녁에는 늘어나면서 휴식과 수면 시간이 줄어든다. 많은 과학적 연구 결과, 서머 타임 적용 후에 며칠 혹은 몇 주 동안 수면 시간이 감소하고 사고가 증가하는 것으로 나타났다. 또한 심근경색과 뇌졸중·뇌경색, 정신질환도 증가하는 것으로 밝혀졌다. 결국 2019년 3월, 유럽의회에서는 회원국들에게 선택권을 주면서 2020년부터 이 서머 타임제를 중단할 수 있도록 했다.

빛은 어떻게 작용하는가? 아침 8시 30분까지 등교, 정오에 식사, 저녁 6시에 버스 탑승하기. 일상생활 속의 이런 의식들은 모두에게 공통적으로 해당하는 24시간 주기가 작동하도록 돕는다. 이러한 동조화 인자들 가운데 빛은 단연 가장 강력한 인자다. 우리 인간은 주행성 동물이라, 날이 밝는 것이 중대한 신호가 된다. 빛은 생명과 관련된 모든 기능을 활성화하고 자극한다.

빛 정보가 망막의 특정 세포(시각 세포와는 전혀 무관하다)를 활성화하면 봇물 터지듯 여러 가지 일이 발생한다. 먼저, 신경 전달 물질이 시상하부로 분비된다. 신경 전달 물질이 메신저가 되어 생체 시계 유전자들에게 알리면, 이들 유전자는 일주기가 반복될 때까지 단백질을 합성하거나 억제한다. 이런 식으로 생체 시계의 시간이 맞춰지는 것이다.

인간이라면 누구나 망막에 빛을 감지하는 단백질인 멜라놉신이 있다. 그러나 빛을 감지하는 데는 개인차가 있다. 1~5럭스lux의 조도—눈에서 1m 떨어진 곳에 있는 촛불 빛 정도—에 광수용체 세포가 자극을 받는 사람들이 있는가 하면, 20~30럭스—머리맡 전등 빛의 약 절반에 해당하는 조도—는 되어야 반응하는 사람들도 있다. 빛에 둔감한 사람들에게는 같은 양의 빛이더라도 전달하는 메시지가 더 약하다는 의미다. 그러면 생체 시계의 동조화가 더 부족해진다. 이렇듯 빛에 대한 감수성이 떨어지면 계절성 우울증을 자극하는 것으로 추정된다. 한편, 칠흑처럼 어두운 상태에 있으려면 눈만 감아서는 안 된다. 빛의 5~10%는 눈꺼풀을 통과해서 광수용체 세포를 활성화할 수 있기 때문이다. 특히나 빛에 민감한 사람들에게 그렇다.

단 15초간 빛에 노출되는 것만으로도 대부분의 생체 기능을 신속히 활성화하는 메시지를 충분히 전달할 수 있다. 심혈관계 기능 활성화를 위해서는 1분, 멜라토닌 분비를 위해서는 5분 미만으로도 충분하다.

2019년 봄, 한 실험을 통해 알츠하이머를 앓는 고령자들이 빛에 강한 영향을 받는다는 것이 확인되었다. 실험에 참여한 모든 고령자에게 신체 활동을 측정하는 팔찌를 채우고는, 한 그룹은 4주 동안 평소보다 많은 빛에 노출되게 했다. 이 그룹에 속한 사람들은 다른 사람들보다 낮 동안 더 활동적이었으며, 밤에는 더 잘 잤고, 멜라토닌 변화 폭이 더 컸다.

또 다른 연구에서는 빛이 생활 리듬에 얼마나 중요한지가 밝혀졌다. 〈사이언티픽 리포트Scientific Reports〉 2018년 7월 호에 실린 이 연구를 위해 연구진은 아프리카 출신 주민들이 모여 사는 7개의 킬롬보Quilombo 공동체 구성원들의 일상 행동을 4년간 관찰했다.

7개 공동체는 모두 브라질 남동부와 가까운 곳에 살고 있지만, 이 가운데는 전기가 도입된 지 2년이 채 안 된 곳도 있고 30년 이상 된 곳도 있다. 이들 공동체에서 전기 없이 생활하거나 최근에야 전기를 사용하기 시작한 주민들은 오래전부터 도시화된 공동체 사람들보다 평균 1시간 일찍 잠자리에 드는 것으로 나타났다.

두 눈 가득 청색광

"아니, 이 시간까지 화면을 보고 있다고?" 그렇다면 매우 조심해야 한다! 청색광이 당신의 밤을 좀먹을 테니.

스크린이 있는 스마트기기는 현대 교육 도구이자 훌륭한 소통 수단이며, 휴대용 게임기이고, 마르지 않는 기술의 집합체로 여겨진다. 게다가 이 모든 것을 누리는 데 거의 비용도 들지 않는다.

하지만 사실, 이 마법의 거울은 우리의 수면에 그 비용을 청구한다. 시간을 갉아먹기 때문이기도 하지만, 기기에서 나오는 빛이 부적절한 시간에 작용하는 데다 해롭기 때문이다.

실제로 빛의 강도뿐만 아니라 빛의 색, 즉 파장도 중요하다. 우리 몸에 있는 광수용체는 특히 480나노미터nm 길이의 청색광 파장에 대한 감도가 높다. 그래서 청색광은 백색광의 100배에 맞먹는 영향을 줄 수 있는데, 이는 어린아이들의 망막에 훨씬 더 해롭다. 어린아이들의 수정체가 아직 발달 단계에 있어서 청색을 더 많

이 흡수하기 때문이다.

청색광과 관련해서는 시간이 중요하다. 빛에 대한 감수성은 취침 직전과 기상 직후에 높아진다. 오후 5시 이후에 빛을 받으면 생체 시계가 늦춰지고, 새벽 5시 이후에 쬔 빛은 생체 시계를 빨라지게 한다. 프랑스 ANSES(국립 식품·환경·노동보건안전기구)에서는 취침 전과 밤에 스마트기기 사용을 제한할 것을 권고한다.

쪽잠

어린아이도 아니고 청소년도 아니지만, 두 눈 가득 청색광을 담고 사는 사람들이 있다. 선원들, 그 가운데서도 특히 혼자 항해하는 사람들은 각성 시간의 한계가 무너진다. 그래서 늘 수면 직전의 환각 상태에 놓일 위험에 처한다.

유명 항해사인 장 르 캉은 돛을 자신의 누이로 착각해 끌어안은 적이 있다고 한다. 미셸 데주아이오는 목적지에 도착한 줄 알고 바다 한가운데서 배에서 내리기도—안전 끈으로 배에 연결되어 있어서 천만다행이다—했다. 베르나르 스탐은 자기 방수복을 보고 누가 배에 올라온 줄 알고 기겁한 적이 있으며, 롤랑 주르댕은 나침반이 피가 철철 흐르는 원숭이 머리로 보인 적이 있다고 한다. 이밖에도 항해사들의 환각 경험담은 수없이 많다.

그래서 나온 타협안은 낮 동안 20~40분씩 쪽잠을 자서 총

3~4시간 수면을 취하는 것이다. 만성적인 수면 부채가 쌓인 덕분에, 항해사들은 금세 숙면 단계에 도달한다. 그 덕에 숙면 시간이 쪽잠의 60~70%에 달하기도 한다.

배를 타면서 겪는 교대 근무와 야간 근무도 이상적인 생체 리듬을 방해한다. 이런 환경에서 근무하는 사람들의 여러 생체 시계는 만성적인 시차를 겪는다. 이들이 활발하게 활동하고 뚜렷한 각성 상태에 놓이는 시간은 이른 아침이나 늦은 저녁, 심지어 한밤이다. 그러고는 수면 시간으로 프로그래밍 되지 않은 시간에 잠자리에 든다. 결국 승자는 없이, 수면 시간은 줄고 업무 수행 능력만 떨어진다.

만약 이 같은 일과가 여러 날 반복된다면 그 시간표에 적응할 수 있을 것이다. 그러나 그런 경우는 드물다. 가정과 사회의 평범한 리듬에 맞춰서 휴일을 쓰다 보면 거의 불가능하다. 야간 근무자 2명 가운데 1명은 수면 장애가 있는 것으로 추산된다. 2016년, ANSES(국립 식품·환경·노동 보건 안전 기구)에서 발표한 보고서에 따르면, 야간 근무가 심혈관 질환과, 정신 건강, 신진대사 장애와 암 발병 위험을 증가시키는 것으로 밝혀졌다.

야간 근무자 2명 가운데 1명은 수면 장애가 있는 것으로 추산된다.

이자벨 오티시에르와의 인터뷰: 잠을 자야 우승한다?

프랑스 출신 여성 오티시에르는 단독 요트 경주 대회에 수차례 출전 경력이 있는 베테랑 항해사다. 1991년에 여성 최초로 세계 일주 기록을 세우기도 했다.

경주를 위해 다른 방식으로 잠자는 훈련을 미리 하십니까?

절대 아닙니다. 의사 선생님들도 권하지 않으시고요. 그래 봤자 아무 효과도 없어서 괜히 사서 고생하는 격이니까요. 하지만, 단독 경주에 나서기 6개월 전에는 일주일간 몸에 장치를 달고서 수면 시간을 측정하고 최적의 수면 시간을 파악했습니다. 또, 제 몸에서 보내는 피로 신호와 휴식 욕구를 제가 얼마나 잘 포착하는지도 측정했습니다.

5주에서 3개월 동안 이어진 경주 기간에는 어떻게 주무셨습니까?

바람과 시간, 배의 상태에 따라 잤습니다. 전혀 예측할 수 없는 일이죠. 보통 20분씩 쪽잠을 잤고, 때때로 중간에 잠깐 깼다가 쪽잠을 이어서 자기도 했어요. 이렇게 해서 24시간 동안 수면 시간은 평균 4시간 30분이었습니다. 대회에 선두로 들어오는 선수들은 보통 이 정도 수면을 취한답니다.

그렇다면 잠과의 싸움이라고 봐야 할까요?

아뇨, 오히려 그 반대예요. 잠을 자야 경주에서 이긴답니다. 가능할 때 최대한 잠을 자도록 해야 해요. 쉬어야 한다는 신호가 오는데도 무시하면 정말 위험합니다. 저는 늘 이 점에 주의했어요. 배 속력이 떨어지더라도 자야 할 때는 절대 오래 참지 않았습니다. 그런 조건에서 자는 것은 시간 낭비가 아니라 투자거든요.

경주를 마치고 돌아오면 수면 패턴이 달라져 있습니까?

아닙니다. 경주 기간은 괄호 안에 들어있는 예외적인 시간과 같습니다. 몸과 마음이 그동안만큼은 아주 짧은 시간에도 회복력이 매우 뛰어난 특별한 수면 패턴에 적응합니다. 아마도 주어진 시간이 제한되어 있다는 사실을 내면화하는 것 같습니다. 그러다가 집으로 돌아오면 저는 그 즉시 정상적인 밤잠을 7시간 정도 잡니다. 특별히 더 잘 필요도 없습니다. 반면, 약 6개월간은 정신적 피로를 느낀답니다.

꿈은 잘 기억하는 편인가요?

육지에 있을 때는 거의 기억을 못 하지만, 배를 타는 동안에는 자주 기억합니다.

Zz
Z
Zz
Z
Zz
Z
Zz
Z
Zz
Z
Zz
Z
Zz
Z
Zz
Z

낮잠 만세!

어원상으로 낮잠siesta은 라틴어 '제6시sexta'에서 유래되었는데, 고대 로마인들은 아침 10시경에 식사를 하고, 동틀녘으로부터 6번째 시간이자 정오를 의미하는 제6시에 낮잠을 잤다.

'정오의 휴식'을 뜻하는 낮잠은 굉장히 효율적인 회복 시간이다. 하지만 특히 직장에서는 낮잠을 곱지 않은 눈으로 본다.

사실, 오후로 접어드는 시점에는 잠들기 위한 모든 조건이 청신호를 보낸다. 각성 곡선이 최저점으로 떨어지고 근육도 이완되는 시기이기 때문이다. 밤에 잠잘 때와 비슷하게, 생리적으로 체온이 약 13시간 동안 떨어진다.

낮잠을 자는 동안 숙면에 들지 않더라도, 이른 오후에 짧은 시간만 잔다면 낮잠은 충분히 유익하다. 특히 규칙적인 낮잠은 건강관리에 도움이 될 수 있다. 이상적인 낮잠은 20~30분을 넘지 않아야 하고 오후 5시 이후에는 절대로 자서는 안 된다. 잘못하면 밤잠에 지장을 줄 수 있기 때문이다.

공포 영화를 보면 무슨 일이 일어날까?

여러분은 안락한 의자에 앉아 공포 영화가 주는 스트레스에 자진해서 빠져든다. 이 스트레스는 영화의 하이라이트를 알리는 음악과 시나리오에 따라 정교하게 짜여 있다. 그에 맞춰 여러분의 '교감' 신경계가 작동해서 코르티솔과 아드레날린 수치를 높인다. 맥박이 사정없이 뛰고, 혈압과 혈당이 올라간다. 호흡도 가빠진다. 마치 생존을 위해 몇몇 생리적 노력이 필요한 것처럼 몸이 반응하는 것이다.

시야를 최대한 확보하기 위해 동공이 확대된다. 어디서든 위험이 튀어나올 수 있어서 사각지대가 생기면 견딜 수 없기 때문이다. 열을 식히기 위해 땀을 흘리기 시작한다. 안 좋은 타이밍에 정신줄을 놓지 않기 위해서다. 드디어 자막이 올라간다.

휴, 여러분은 무사히 살아남았다. 처음처럼 여전히 안락의자에 앉아 있고 시간은 새벽 2시가 지났지만, 잠은 전혀 오지 않을 것이다.

잠자지 않고 11일간 버티기

최초로 공인된 수면 박탈 기록은 1963년에 미국의 랜디 가드너라는 청소년이 세운 것이다. 당시 17세였던 그는 스스로 최대한 잠을 자지 않고 버티는 실험에 뛰어들었다. 결국, 그는 11일 25분 동안 자지 않고 버텼다.

11일

1963년, 랜디 가드너, 11일 25분간 잠자지 않고 버티다.

실험이 진행되는 처음 7일간은 이상 증상이 나타났다. 먼저 가벼운 기억

잠과 달 사이에는 무슨 관계가 있을까?

보름달이 밝게 뜬 밤에는 쉬이 잠이 오지 않는다는 오래된 믿음은 아직 굳건하다. 무엇보다 달은 바다를 움직이는 굉장한 힘이 있지 않은가! 게다가 갈라파고스에 사는 바다 이구아나와 같은 종들의 내인성 리듬 주기는 달의 공전 주기(약 27.3일)와 비슷한 29.5일이다.

그래서 오래전부터 사람들은 달빛이 우리의 생명 활동과 기분, 행동에 개입해서 출생이나 범죄, 광기 등을 정점으로 끌어올린다고 생각했다. 그렇다면 달이 잠도 방해할까? 바로 이 문제를 둘러싸고 2013~2015년 사이에 여러 연구 결과가 발표되면서 논란이 극에 달했다.

2013년 7월, 과학 저널 〈커런트 바이올로지Current Biology〉에 발표된 논문 한 편이 큰 반향을 일으켰다. 달의 주기가 인간의 수면에 영향을 미친다는 증거를 제시했기 때문이다. 이 논문은 (스위스) 바젤 대학교 시간생물학 센터가 2000~2003년 사이에 자원해서 참여한 33명의 데이터를 분석한 것을 바탕으로 작성되었다. 연구진은 소리도 빛도 없는, 외부 세계와 단절된 방에서 64일 밤 동안 실험 참가자들의 수면을 기록했다. 이들의 코르티솔과 멜라토닌 비율도 측정했다. 이를 바탕으로 바젤 대학교 연구진은 실험 참가자들이 달이 뜨지 않는 음력 1일 밤보다 보름달이 뜨는 밤에 평균 20분 적게 잔다는 사실을 발견했다. 입면 잠복기는 5분 더 길어졌다. 숙면을 나타내는 지표인 델타파는 보름달이 뜬 날에 30% 감소한 것으로 나타났다.

2014년 5월, (스웨덴) 예테보리 대학교 연구팀 역시 달이 수면을 방해하는 범인이라는 내용의 논문을 〈커런트 바이올로지〉에 발표했다. 47명의 자원자가 참여한 실험 결과, 보름달이 뜨는 시기에 수면 시간이 25분 감소한 것으로 나타났다. 수면 시간 감소와 함께 소음에 대한 민감성이 증가했는데, 이는 상대적으로 숙면을 취하지 못했다는 의미다. 이와 함께 연구진은 달이 뜨지 않는 밤에는 역설수면 시간이 30분 더 길다는 사실도 확인했다. 이 같은 수면 시간 변화는 여성보다는 남성에게서 더 크게 나타났다.

달에 대한 세 번째 공격은 2014년 11월 〈수면 의학Sleep Medicine〉에 실린 논문으로 이어졌다. 부다페스트 대학교에서 진행한 연구에서는 2007년 1월에서 2009년 11월까지 319명을 대상으로 수집한 수면 데이터를 다시 분석했다. 논문 저자들은 보름달이 뜨는 밤에 숙면과 역설수면 비율이 줄어들고 각성 시간이 증가한다는 사실을 발견했다. 다만 스웨덴 연구진과는 달리, 수면 시간 변화의 폭이 남성보다는 여성에게서 더 크게 나타났다.

반전

이와 같은 연구 결과들은 대중적인 신념과 맞아떨어진다는 점에서 매력적이지만, 이 주제에 관심 있는 모든 과학자를 설득하기에는 역부족이었다. 2014년 6월, 뮌헨에 있는 막스 플랑크 연구소 소속 연구진이 스위스 바젤 대학교 연구팀의 실험 표본이 너무 적다고 비판한 논문을 〈커런트 바이올로지〉에 발표했다. 막스 플랑크 연구진은 3개의 코호트 연구(실험 참가자 약 1,300명)에서 총 2,097일 밤의 수면을 기록한 뇌전도 데이터를 다시 분석했다. 분석 결과, 인간의 수면과 달은 상관관계가 없다는 결론을 얻었다.

2015년 10월, 스위스 로잔 수면 연구소 소속 연구팀도 달이 수면에 미치는 영향에 주목하면서 2,125명을 대상으로 실험을 진행했다. 앞서 소개한 모든 연구와 마찬가지로, 실험 참여자들에게는 연구 주제가 달의 영향력에 관한 것이라는 사실을 알려주지 않은 채 뇌 활동을 기록하고 코르티솔 비율을 측정했다. 또, 스스로 수면의 질을 평가하게 했다. 이 연구 결과, 달이 수면 시간, 수면 구성, 코르티솔 수치에 아무 영향도 미치지 않는다는 결론이 나왔다.

다만, 딱 한 가지 의혹이 있었다. 전혀 수면 장애를 보이지 않은 한 하위군에서 유의미하다고 할 만한 경향이 관찰되었다. 보름달이 뜨는 동안 총 수면 시간이 짧아지는 경향을 보인 것이다.

이렇듯, 불과 2년 만에 상반되거나 서로 일관되지 않은 결론을 도출하는

연구들이 발표되었다. 다만 각 실험 참가자 수를 비교하면, 달이 수면에 영향을 미친다는 결론을 내린 연구들이 이를 반박한 연구들보다 참가자 수가 적었다. 그렇다면 여기서 얻을 수 있는 교훈은 무엇일까?

달이 수면에 미치는 영향과 그 잠재적 메커니즘의 비밀은 달이 뜨지 않는 밤처럼 여전히 어둠에 묻혀 있다는 사실이다.

력 장애를 겪다가, 짜증스러워지더니 구토를 느꼈고, 환각이 일어나고, 유머 감각이 없어졌다. 몸을 떨며 뇌의 알파파가 사라졌다. 그러다가 7일째부터는 상태가 안정되었다. 놀 수 있고 심지어 회의도 할 수 있는 상태가 되었다. 실험이 끝난 후에는 금세 수면 부족을 회복했고 어떤 후유증도 나타나지 않았다. 그 결과, 장시간 수면이 박탈되더라도 일단 수면이 회복된다면 반드시 정신적 또는 육체적 장애가 유발되는 것은 아니라는 사실을 추정할 수 있다.

7

우리 모두 다르게 자는 이유

잘 잤어? 이런 질문을 받으면 솔직하게 대답하는 사람도 있고
그렇지 않은 사람도 있다. 대부분은 예의 바르게 답하지만
간혹 신경질적으로 대꾸하기도 한다. 간밤의 상황, 피로한 정도,
기분, 걱정, 질문하는 상대방에 따라 대답은 달라진다.
수면 앞에 평등이란 없다.
이러한 불공정의 원인은 개인별 신체 상태가 모두 다르다는 데 있다.
잠을 많이 자건 적게 자건, 일찍 자건 늦게 자건, 들쥐처럼 깊이 자는
사람도 있고 기린처럼 쪽잠만 자는 사람도 있다.
이런 성향은 대부분 태어날 때부터 정해진다. 물론 나이와 상황에 따라서
달라지기도 한다. 동물 역시 수면 시간, 수면 방식이 각양각색이다.
이러한 잠의 불규칙적 분포를 결정하는 열쇠가 무엇인지 찾으려는
연구자들의 노력이 여전히 진행 중이다. 여기서 명심할 것!
자신의 수면 패턴이 어떠하든, 각자 자신의 수면에 최선을 다해야 한다.

필요한 수면 양은 사람마다 다른 법

레오나르도 다빈치는 매일 4시간마다 20분씩 잤고, 하루 5시간씩 자던 모차르트는 새벽 1시 이전에는 절대 잠자리에 들지 않았으며, 볼테르는 매일 커피를 40잔씩 마시면서 4시간만 잤다고 한다. 아인슈타인에게는 모든 것이 상대적이었다! 소문에 따르면 그는 매일 밤 10~12시간을 자거나, 반대로 밤잠을 적게 자면서 잦은 낮잠으로 부족한 잠을 보충했다고 한다. 아마 그는 자신의 수면에 대해서도 상대성 이론을 빌어 "나는 오래 자지는 않지만, 빠른 속도로 잡니다."라고 표현했을 법하다. 나폴레옹은 새벽 3시에 일어나 부하가 올린 보고서를 읽었지만, 짬이 날 때마다 낮잠을 잤다. 전쟁터에서도 마찬가지였는데, 낮잠을 자다가도 언제든 완벽하게 맑은 정신 상태로 깨어났다.

불안에 사로잡힌 어린 시절을 보내며 오랫동안 '일찍 잠자리에 들었던' 마르셀 프루스트는 천식과 불면증에 시달렸다. 수면제를 남용했던 이 소설가는 수면제의 효과를 덜기 위해 엄청나게 많은 양의 커피를 마셨다고 한다. 살바도르 달리 역시 밤잠을 거의 자지 않고 낮에 안락의자에 앉아 쪽잠을 잤다. 왼손에 열쇠를 쥐고 낮잠을 잤는데, 잠이 들어 열쇠가 떨어지면 그 소리에 깨기 위함이었다. 비교적 통상적인 방식의 수면 생활을 했던 베토벤과 빅토르 위고는 매일 밤 8시간씩 잠을 잤다.

그런데 유명인이건 무명인이건, 모두에게 보편적으로 이상적인 수면 시간이란 없다. 하지만 대다수 사람의 수면 필요량은 7~9시간 사이이다. 이 범주에서 멀어질수록 그에 속하는 사람 수는 적어진다. 그럼에도 5시간만 자도 된다는 사람이 있는가 하면, 11시간은 자야 한다는 사람도 있다. 수면 필요량이 유전적으로 결정된다는 것은 거의 확실한 사실 같다. 성인이 되면 수면 필요량은 안정을 유지하다가, 65세가 되면 대부분 7~8시간 사이의 수면 시간에 만족하게 된다.

필요한 수면 양을 측정할 수 있는 가장 확실한 방법은 잠자리에 드는 시간을 확인하는 것이다. 이론상으로는 간단하다. 하품이 잦아지거나 가벼운 졸음이 오거나 저녁에 살짝 한기가 느껴지면 미루지 않고 잠자리에 들면 된다. 아침에는 상쾌하고 거뜬한 기분이 들자마자 활동하면 된다. 이렇게 자고 일어날 수 있다면 이상적인 수면이라 할 수 있을 것이다.

특별히 방해하는 사건이 생기지 않는 한, 수면은 개인별로 매일 밤 똑같은 방식으로 진행된다. 수면 주기의 지속 시간, 수면 주기의 구성, 뇌 활동, 안구 운동 밀도는 항상 같다. 마치 지문처럼 개인에 따라 구별된다.

하지만 좋은 날이 있으면 나쁜 날도 있듯, 같은 사람이라도 밤마다 사정이 같지는 않다. 상황에 따라 이상적인 수면 시간과 멀어지기도 한다. 일에 대한 스트레스 때문에 밤에 고통을 겪는 일도 많고, 여가 생활이나 다양한 요구 사항과 관련된 모든 종류의 자극과 시의적절하지 않은 소음이나 불빛과 같은 방해를 받아 괴로워하는 일도 흔하다.

조금 자거나
많이 자거나

모두가 같은 상황의 밤을 맞지는 않는다. 논리적으로 생각해 보면, 잠을 적게 자는 사람보다는 잠을 많이 자는 사람이 자신의 유전적 성향에 충실하기가 더 어렵다. 잠을 아주 많이 자는 사람들에게는 더더욱 어려운 일이다. 이들이 상쾌한 기분으로 잠에서 깨려면 9시간 30분, 더 나아가 11시간은 수면 시간으로 확보해야 하는데, 현실에서 그렇게 하기란 매우 어렵다. 반면, 적게 자는 사람들은 6시간 또는 이보다 더 적게 자도 충분하기에 쉽게 재충전이 된다. 수면 앞에서는 정말이지 불공평하다. 거의 자지 않아도 좋은 몸 상태를 유지하는 사람들을 보면 질투가 날 수밖에 없다. 대체 무슨 일이 일어나는 걸까?

수면 기록 데이터를 살펴보면 비밀을 싸고 있는 베일의 한 귀퉁이를 살짝 들여다볼 수 있다. 적게 자는 사람들의 특징은 다른 사람들보다 수면 주기가 짧은 것이 아니라, 깊은 서파수면에 더 집중되어 있다는 것이다. 결국, 주기의 횟수에서 차이가 나는 것이다. 적게 자는 사람은 4번 만에 '모래시계'를 비워낼 수 있지만, 많이 자는 사람은 6번 반복해야 하기 때문이다. 적게 자는 사람들은 얕은 잠과 역설수면 시간을 줄인다. 결국, 이들은 적게 자지만 깊은 서파수면 시간은 많이 자는 사람들과 비슷하다. 게다가 주기와 주기 사이에 깨는 시간도 더 짧다.

잘 자거나 못 자거나

이것만 불공평한 것이 아니다. 잘 자는 사람과 못 자는 사람으로도 나뉘기 때문이다. 잘 자는 사람은 어떤 상황에서도 수면의 질을 좋게 유지한다. 침대에 누워서 잠들 때까지 얼마 걸리지도 않는다. 반면, 못 자는 사람은 작은 변화 하나하나에도 예민하다. 잘 자지 못하는 밤이 이어지다 보니 이제는 양을 얼마나 세어야 할지, 어떤 약을 먹어야 할지도 모른다. 성인 10명 가운데 3명은 가끔 잠을 잘 자지 못한다고 했고, 10명 중 1명은 꾸준히 그렇다고 했다. 이런 어려움을 겪는 이유는 아직 완전히 밝혀지지 않았다.

나이도 불평등의 한 요인이다. 비단 인간만이 아니다. 모든 포유류는 나이가 들면서 수면 시간이 줄어든다. 65세 이상이 되면 서파의 강도가 약해지고 줄어든다. 계속 줄어들어서 결국에는 잠든 시간의 5% 정도에 그친다. 각성은 더 빈번해지고 시간도 길어진다. 인간의 경우, 나이에 따른 이런 이상 증상은 빛이나 신체 활동, 직장 생활과 관련한 업무 시간표 등 동조화 인자가 감소할 때 더 빨라진다.

일찍 자기 & 늦게 자기: 생물학적 현실

사람마다 각자 나름대로 잠자고, 생활하는 리듬이 있는 법이다. 날이 어렴풋이 밝아 올 때 잠드는 것을 좋아하는 사람이 있는가 하면, 올빼미처럼 밤을 새는 것을 좋아하는 사람도 있다. 실제로 선택권은 각자의 생체 시계에 있다.

전체 인구로 봤을 때, 생체 시계는 평균 24시간 10분 주기로 돈다. 하지만 이런 체내 메커니즘은 사람에 따라 더 빠르기도 하고 느리기도 하다. 전체 인간의 95%는 23시간 30분에서 24시간 30분 사이에 주기가 한 바퀴 돈다.

그런데 이렇게 고작 몇 분 차이로 세상은 둘로 갈라진다. 저녁이 되면 하품하는 사람들과 밤이 깊어도 불 끄는 것을 거부하는 사람들로 나뉜다. 자연광과 전깃불이 규칙적으로 교대하면서 정확한 밤낮의 기준이 없어진 탓에, 짧은 주기에 맞춰져 있는 사람들은 매일 조금씩 일찍 자러 간다. 마찬가지로 긴 주기에 맞춰져 있는 사람들은 매일 조금씩 늦게 잠자리에 든다. 그런데 현재는 밤늦게 자는 사람들의 수가 더 많다. 실제로 전체 인구의 4분의 3은 생체 시계가 24시간 이상의 주기로 돌고 있다. 또한, 평균적으로 여성보다는 남성의 생체 주기가 더 긴 경향이 있다.

늦게 자면 일찍 죽는다 이렇듯 늦게 자거나 일찍 자는 경향은 우리 생체 시계의 속도에 좌우된다. 생체 주기가 지구 자전 주기와 멀어질수록 시차는 점점 크게 벌어진다. 마치 매일 소규모 시차증을 겪는 셈이다.

의학 데이터베이스와 연구 자원을 제공하는 바이오뱅크의 데이터를 바탕으로 시카고 대학교에서 분석한 바에 따르면, 늦게 자면 건강상의 문제가 더 많이 생기는 것으로 나타났다. 바이오뱅크는 특정 질환 발달에 유전적 요인과 환경적 요인이 작용하는 비중을 측정하기 위해 약 50만 명의 영국인을 대상으로 연구를 진행했다. 연구 대상자들의 생활 방식에 관한 질문에는 아침형 인간인지 저녁형 인간인지 답하는 항목이 있었다. 응답자들은 '부인할 수 없는 아침형', '아침형인 편', '저녁형인 편', '부인할 수 없는 저녁형' 가운데 하나를 골라야 했다. 이렇게 해서 크로노 타입에 따라 4그룹으로 나뉘었다.

그 결과, 완전한 올빼미형 그룹(코호트의 9%)의 질병 발생 위험이 제일 큰 것으로 나타났다. 일찍 자는 사람들과 비교했을 때, 이들은 당뇨병 발병 위험 30%, 신경 질환 위험 25%, 위장 관계 질환 23%, 호흡기 질환 발병 위험이 22% 더 높았다. 다른 연구들도 유전적으로 일찍 자도록 프로그래밍된 사람들이 수면 부족으로 인한 장애로 고통받을 가능성이 더 적다는 결과를 내놓았다.

그렇다고 해서 타고난 수면 성향이 기대 수명을 결정하는 것으로 결론지어서는 안 된다. 수면을 다루는 방식이 훨씬 더 결정적인 역할을 하기 때문이다. 셔츠를 갈아입듯 수면 패턴을 마음대로 바꿀 수는 없지만, 좋은 상태로 유지하려는 노력은 할 수 있다. 유전자가 우리의 밤잠에 영향을 주는 부분이 있더라도, 다른 요소에 따라 좌우되는 부분도 있다. 가령 스마트기기, 커피 같은 카페인 섭취, 늦은 시간에 하는 운동, 부족한 수면 보충을 핑계로 자는 늦잠 등 고쳐야 할 잘못된 습관이 많다.

자연의 세계에도 다양한 수면이 존재한다

인간만 그런 것이 아니다. 다른 척추동물들의 잠자는 모습은 각양각색이다. 코끼리의 수면 시간은 3시간인데 반해, 주머니쥐는 20시간을 잔다. 아르마딜로는 길게 펼쳐진 해변에서, 물고기는 아마도 헤엄치면서 잔다. 새들은 일생의 4분의 1에서 4분의 3을 나뭇가지에 앉거나 날면서 잔다. 대개는 자는 동안 움직이지 않지만 다 그렇지는 않다. 반드시 누워서 자는 것도 아니다. 기린은 서서 자는데, 간혹 자는 동안 머리를 엉덩이 위에 올려두기도 한다. 오리는 물 위에 떠다니면서 눈을 깜빡이며 잔다.

이렇게 수면 시간이며 행태가 다양한데, 여기에 과연 어떤 규칙이 있는 것일까? 이와 관련된 연구는 그리 많지 않다. 게다가 그

중 일부는 동물의 나이나 계절 변화와 같은 요인을 고려하지 않았다. 또, 일부 연구는 기온 적응 실패, 지속적인 빛 노출, 특별한 연구 조건에 적응하는 능력 등에 영향을 받았을 수도 있다. 가령 실험용 기니피그처럼 동물을 실험실 환경에 두는 경우, 말은 적응하는 데 3개월까지 걸리는 반면, 두더지는 몇 시간 만에 적응한다. 암소는 울타리로 둘러싸인 곳보다 외양간 칸막이 안에 갇혀 있을 때 2배 더 오랫동안 잔다. 뚱뚱한 고양이는 먹이 먹는 시간과 서식지에 따라 생체 리듬을 맞춘다.

수십 년 전부터는 뇌파 검사가 도입된 덕분에 눈에 보이는 행동에만 의지할 필요가 없어졌다. 더 체계적인 동영상 기록과 무선 측정 장치, 가벼운 모니터 등을 활용하면, 어쩌면 여러 상관관계가 밝혀져서 어떤 종은 이런 시간에 저런 식으로 잔다는 식의 주요 규칙 몇 가지를 이끌어낼 수 있을 것이다. 이처럼 동물의 수면이라는 연구 분야에는 개척해야 할 탐험의 장이 여전히 많이 남아 있다. 어쩌면 그 끝에는 수면의 비밀을 풀 수 있는 열쇠가 숨어 있을지도 모를 일이다.

불규칙성

다양한 연구 결과, 수면에 관여할 것으로 보였던 여러 요인이 현재는 고려 대상에서 제외되었다. 먼저, 동물은 진화 과정상의 위치에

따라 잠을 자는 것은 아니다. 예를 들면, 1억 5천만 년 전에 지구상에 출현하여 현생 포유류 가운데 가장 오래된 바늘두더지와 오리너구리는 서로 사촌뻘이지만, 잠자는 모습은 서로 다르다. 또한, 일반적으로는 덩치가 큰 동물이 가벼운 동물보다 더 많이 자지만, 그렇다고 수면 시간이 몸무게에 반드시 비례하는 것도 아니다. 동물의 수면 주기는 코끼리는 120분, 고양이는 24분, 쥐는 10분으로, 덩치에 따라 상대적으로 더 길기는 하다. 그러나 질량만으로는 설명되지 않는다. 신진대사 역시 일반적으로는 덩치가 큰 동물이 대사 속도가 더 느리기는 하나, 체중과 수면의 관계가 정확히 맞물려 떨어지는 체계는 아니다.

같은 부류의 동물도 잠은 다르게 잔다. 가령, 설치류는 일반적으로 잠이 많은데, 이들 가운데 실험용 쥐는 수면 시간이 13시간이고 햄스터는 14시간 30분이다. 둘 다 중간중간 수면이 단절되는 방식으로 잔다. 황금망토땅다람쥐와 북극땅다람쥐는 서로 사촌 사이지만 수면 시간은 각자 14시간 30분, 16시간 30분으로 다르다. 그런데 이와는 반대로, 서로 무척 다르지만 수면 시간이 같은 포유류도 있다. 예를 들면, 대부분의 원숭이 종들은 10시간가량 자야 하는데, 고슴도치도 마찬가지다.

적게 자는 동물들의 복수: 양의 수면 시간은 단 4시간

수면에 영향을 주는 결정적인 요인이 무엇인지는 모르지만, 초식동물이 육식동물보다 적게 잔다는 사실은 확인되었다. 그렇다면 수면 시간은 먹이를 찾으려는 욕구와 관계가 있는 걸까, 아니면 잡아먹히는 두려움과 관계가 있는 걸까? 인도 속담에 "사자와 어린양은 나란히 옆에서 잘 수 있지만, 둘 중 하나는 잠자리가 사나울 것"이라는 말이 있다. 그래서인지는 몰라도, 겉으로는 한없이 평온해 보이는 암소 또한 24시간 가운데 적어도 20시간은 깨어 있다. 양도 마찬가지다. 잠이 오지 않을 때 사람들이 양의 수를 세듯, 어쩌면 양은 목동의 수를 세면서 잠을 청하는지도 모른다!

그런데 초식동물 중에서 느리기로 소문난 나무늘보는 하루에 최소 16시간은 잠을 잔다. 이는 모종의 특혜가 있어서 가능한 일이다. 나무늘보는 숙식을 제공해 주는 나무 위에서 천천히 팔만 뻗으면 나뭇잎을 따먹을 수 있기 때문이다. 육식동물 중에서는 주머니쥐가 암소와 정반대 상황에 있다. 이들은 한 번에 최대한 4시간씩, 24시간 가운데 20시간을 잔다.

하지만 이렇게 식습관이 수면 시간에 영향을 미친다는 주장에는 예외가 상당히 많다. 물고기를 잡아먹고 살면서 주머니쥐보다 덩치가 훨씬 큰 회색바다표범은 6시간밖에 자지 않는다. 이들보다 덩치가 3배나 작은 카스피해물범은 절반인 3시간보다 조금 더 자는 것으로 충분하다.

먹이라는 요소가 수면 필요량을 분배하는 데 결정적인 열쇠 역할을 하지는 않지만, 아마도 형태적 제약을 가져와서 수면 방식에 영향을 미치는 것 같다. 가령, 군함조는 다른 철새들과는 달리 깃털이 방수되지 않기 때문에 물 위에 떠서 잘 수 없다. 연구 결과, 이들은 나는 동안 쪽잠을 자는 것으로 확인되었다. 돌고래의 경우, 한쪽 눈과 뇌의 한쪽 반구만 잠이 든다. 아마도 이들에게 호흡은 의식적 행위라서 자는 동안에도 호흡을 계속하기 위해 그런 것 같다.

자업자득이라는 의미로 프랑스에는 "침대 정리를 어떻게 하냐에 따라 잠자리가 달라진다"라는 속담이 있다. 하지만 "둥지를 어떻게 만드냐에 따라 잠도 달라진다"라는 말은 새에게는 적용되지 않을 듯하다. 잔가지로 만든 둥지 속에 귀여운 깃털 뭉치가 웅크리고 앉아서 자는 모습은 이제 머릿속에서 지우기 바란다. 새에게 둥지는 알을 낳고 품는 곳이지 침실이 아니다. 새는 대부분 둥지 밖에서 잠을 잔다. 나뭇가지 위에 앉아서 자거나 물 위에 떠서 잔다. 아니면 학처럼 한쪽 다리로 내내 서서 자기도 한다. 자는 동안 조류의 뇌에서도 포유류와 본질적으로 같은 전기 신호가 포착되는 것으로 보아, 수면의 기능도 같은 것으로 보인다.

먹이를 쉽게 구할 수 있느냐 없느냐 하는 식량원에 대한 접근성에 불안정함을 느끼면 수면에 영향을 미쳐서 여러 변화를 가져오는 것 같다. 고양이가 있으면 비둘기는 눈을 덜 깜빡인다. 이것은 속담이 아니라 과학적인 관찰 결과다. 비둘기는 다른 새들처럼 자는 동안 규칙적으로 눈을 깜빡이지만 포식자가 주변에 있으면 눈을 깜빡이는 빈도와 시간이 달라진다. 마찬가지로, 동물은 상대적으로 포식자의 위협에서 안전한 우리에 갇혀 있을 때보다 자연환경에 있을 때 잠을 덜 자는 것으로 관찰되었다.

동물들의 수면 시간표
개와 고양이는 졸음 대장

개체별로 차이도 있고 여건에 따라 다르긴 하지만, 개와 고양이는 24시간 중 13시간 정도 잠을 잔다. 대부분의 시간에는 졸기도 한다. 이런 반수 상태는 각성과 수면의 중간 상태다. 포유류의 경우, 대개 반수 상태가 되면 낮은 진폭에서 높은 진폭으로 서파가 증가한다는 특징이 있다. 굉장히 다양한 종들이 이 같은 특징을 공유한다. 특히 원숭이, 두더지, 고슴도치, 뾰족뒤쥐 등이 대표적이다.

한숨 푹 자는 곤충들

곤충은 규칙적으로 얼마간의 시간 동안은 미동도 하지 않는다. 가령, 바퀴벌레는 낮보다 밤에 더 많이 움직인다. 파리는 날개를 접고 앉아 있다. 초파리는 3분 이상 움직이지 않기도 한다.

근육 활동이 줄어들거나 멈추고 자극 반응 한계가 바뀐 상태.

이런 잠의 정의를 적용하면 곤충 가운데 일부는 잠자는 행동을 한다고 볼 수 있다. 또 다른 증거도 있다. 한동안 쉬지 못하게 하면 곤충은 더 오래 쉬는 것으로 만회한다. 게다가, 거미와 꿀벌에게 일주기 리듬이 있다는 것도 확인되었고, 초파리는 생체 시계 유전자가 있는 것으로 알려졌다.

실험실 작업대 위에 '누운' 예쁜꼬마선충

*Caenorhabditis elegans*라는 학명을 지닌 예쁜꼬마선충은 실험실에서 사랑을 독차지하는 귀염둥이다. 이 동물의 신경계에는 단 302개의 신경세포만이 연결되어 있다. 매번 탈피 전에는 움직이지도 먹지도 않다가, 자극을 주면 행동 변화를 보인다. 게다가 탈피 중에 '잠'을 방해받으면 깨어나기 더 힘들어한다. 이는 수면과 비슷하다. 예쁜꼬마선충의 세포와 분자 메커니즘과 포유류 사이의 유사점을 밝히기 위한 연구가 활발히 진행 중이다.

칼새의 수수께끼

공중에서는 능수능란하나 땅에서는 어리숙한 새. 검은칼새는 제비와 비슷하게 생겼는데, 폭이 약 45cm에 달하는 커다란 날개를 가지고 있다. 날개와 달리 다리가 무척 작아서, 땅에 내려오면 다시 날아오르는 데 애를 먹는다. 그래서 다른 새들은 대부분 앉아서 자지만, 칼새는 아니다. 눈 좀 붙이고 싶어지면 칼새는 높은 곳을 겨냥한다. 일단 지상에서 수 km 위로 날아 올라간 다음, 방향을 틀어 하강하면서 활공한다. 아무래도 이 순간에 자는 것이 분명하다. 그런데 활공하지 않고 날개짓하며 날 때도 잘 수 있는 것 같다. 하지만 이것은 어디까지나 가설일뿐이다. 누구도 칼새의 뇌 활동을 기록하지 못했기 때문이다.

꼼짝달싹하지 않는 파충류 햇빛에 구워지지 않으려고 입을 쩍 벌려 몸속 습기를 내보내는 악어처럼 가끔은 입을 벌린 상태로, 또 어떤 상황에서는 한쪽 눈만 뜬 채로 파충류는 잠을 잔다. 이것은 확실하다. 그런데 1960년대부터 파충류의 수면을 둘러싸고 서로 모순되는 연구 결과들이 발표되었다. 최근에는 파충류의 수면에도 역설수면에 해당하는 수면 단계가 존재한다는 연구가 나왔다. 물론, 역설수면의 모든 특성이 다 드러나는 것은 아니다. 포유류와 조류와 비교했을 때 해부학적으로나 신경생리학적으로 차이가 있어서 아마 이런 차이가 나타나는 것으로 보인다. 그런데 사실 이것은 매우 중요한 연구 결과다. 진화의 역사에 있어서 더 오래전부터 존재했던 동물에게도 역설수면이 존재한다는 사실은 수면의 기능에 대해 많은 것을 알려줄 수 있기 때문이다.

돌고래의 반쪽 수면

새끼 돌고래는 많이 움직이고 눈은 늘 뜨고 있다. 혹자는 이들이 거의 잠을 자지 않는다고 한다. 모든 종은 항상 부모보다 새끼가 잠을 더 많이 자야 하는 것과는 반대다. 어린 돌고래의 수면에 대해서는 서로 어긋나는 연구 결과가 많다. 돌고래는 성체가 되면 한쪽 눈만 감고 잔다. 이때 다른 쪽 눈은 뜨고 있다. 뇌의 한쪽 반구도 깨어 있다. 반면, 다른 쪽 반구에서는 서파가 나타난다. 그러다 잠시 지나면 양쪽을 교대한다. 전부 합해서 총 수면 시간은 4시간이 안 되지만, 돌고래는 하루에 10번, 헤엄치거나 떠다니면서 수면을 취한다. 연구 중에는 역설수면 때 나타나는 특징적인 뇌파는 측정되지 않았다. 아마도 진화를 거치는 동안 이 돌고래 종에게는 다른 종만큼 역설수면 상태가 그다지 이롭지 않았던 것 같다.

아마도 헤엄치며 잠자는 물고기

여러 관찰 결과에 따르면, 참치, 까치상어, 고등어와 같은 몇몇 종들은 끊임없이 활동한다고 한다. 하지만 이런 물고기들은 아마도 각성 상태가 아닌데도 헤엄칠 수 있는 것이 아닌가 싶다. 가오리나 잉어, 메기 같은 종들은 평화기와 고요기가 번갈아 반복된다. 앵무고기는 일종의 고치를 만들어서 밤에는 그 안에 들어가 있다. 그렇다면 물고기에게는 서파수면이나 역설수면과 같은 수면 단계가 존재할까? 이 문제에 대해서 딱

동면은 잠이 아니다

"잠이 밥이다."(자느라 배고픔을 잊을 수 있어서 먹을 것 없는 사람에게는 잠이 밥을 대신한다는 의미) 이는 중세시대 유럽의 여관 주인들이 수익 걱정에 식사 제공을 꺼리며 손님들에게 했던 말일지도 모른다. 하지만 잠이 밥을 먹여 주지는 않는다. 그럼에도 밥을 먹지 않는 동물들이 동면에 들어가는 것은 엄연한 사실이다. 오랫동안 동면은 장기간 자는 잠으로 여겨졌다. 논리적으로 따지면 그렇게 생각할 만하다. 모든 신체적 욕구가 감소하는 수동적인 상태라고 보았기 때문이다. 밤에 불을 끄고 잘 때처럼 말이다. 하지만 사실은 그렇지 않다. 여러 가지 면에서 동면은 수면과 구별된다. 체온이 17도 아래로 떨어지면 죽는 포유류와 달리, 동면하는 동물들은 체온이 더 떨어져서 1도까지 내려가도 버틴다. 체온이 25도 아래로 내려가면, 이들의 뇌 부위는 대부분 완전히 활동을 멈춘다. 그래도 위험한 경우에는 반응도 하고 심지어 잠에서 깰 수도 있다.

별다른 위험이 생기지 않으면 봄이 올 때까지 동면은 이어진다. 잠을 잘 때처럼 동면 중에는 아무것도 먹지 않는다. 그 대신, 이들의 신진대사가 완전히 달라진다. 주로 겨울이 오기 전에 섭취해서 저장해 둔 지방으로

가끔 깰 때마다 신진대사가 이루어진다. 포유류인 마못의 경우, 동면 전에 몸에 지방층을 쌓으면서 덩치가 2배로 불어나기도 한다. 동면과 달리 자는 동안에는 이렇게 요요를 겪어야 할 필요가 없으니 참 다행이다. 산골에 사는 이 척행동물(발가락 대신 발바닥 전체를 사용해서 보행하는 동물-역자)은 동면 이야기를 할 때 단골로 거론되는 동물이다. 그렇다고 마못이 동면의 최강자는 아니다. 겨울이 되면, 갈색 정원 달팽이는 껍질 속으로 들어가 막을 쳐서 입구를 봉쇄한 뒤 100배나 천천히 호흡하면서 봄이 오기를 기다린다. 사막 달팽이도 껍데기 속에 틀어박혀서 최대 5년까지 버틸 수 있다. 이외에도 많은 곤충이 먹을 것이 부족해지면 특별한 행동을 한다. 이를 휴면이라 하는데, 이 시기에는 신진대사 속도가 느려진다. 가끔 극단적인 경우도 있다. 잎벌레 같은 딱정벌레류는 휴면 중에는 1시간에 1번만 호흡하기도 한다. 반면, 매미는 동면도 하지 않는다. 일생 대부분을 땅속에서 보낸 뒤 여름 딱 한 철만 노래하고는 죽음을 맞는다.

떨어지는 답이 나오지는 않았다. 다만, 작은 얼룩무늬 물고기 제브라피시의 유전자를 변형해서 실험실 컴퓨터 모니터에 뇌 활동을 형광 표시로 나타나게 했더니, 두 가지 뚜렷이 구분되는 뇌 활동을 관찰할 수 있었다.

수면 시간 순위

동물의 평균 수면 시간은?

20 시간
주머니쥐

18 시간
코알라 & 아르마딜로

17 시간
도마뱀

16 시간
나무늘보

14 시간
햄스터 & 오리너구리

13 시간
고양이 & 개

12 시간
백조 & 닭

11 시간
비둘기

10 시간
여우 & 재규어

9 시간
뾰족뒤쥐

8 시간
돼지

7 시간
유럽 바다거북
돌고래
부엉이
올빼미
토끼

6 시간
들고양이

5 시간
염소 & 찌르레기

4 시간
암소, 양, 기린, 노루

3 시간
아프리카코끼리 & 말

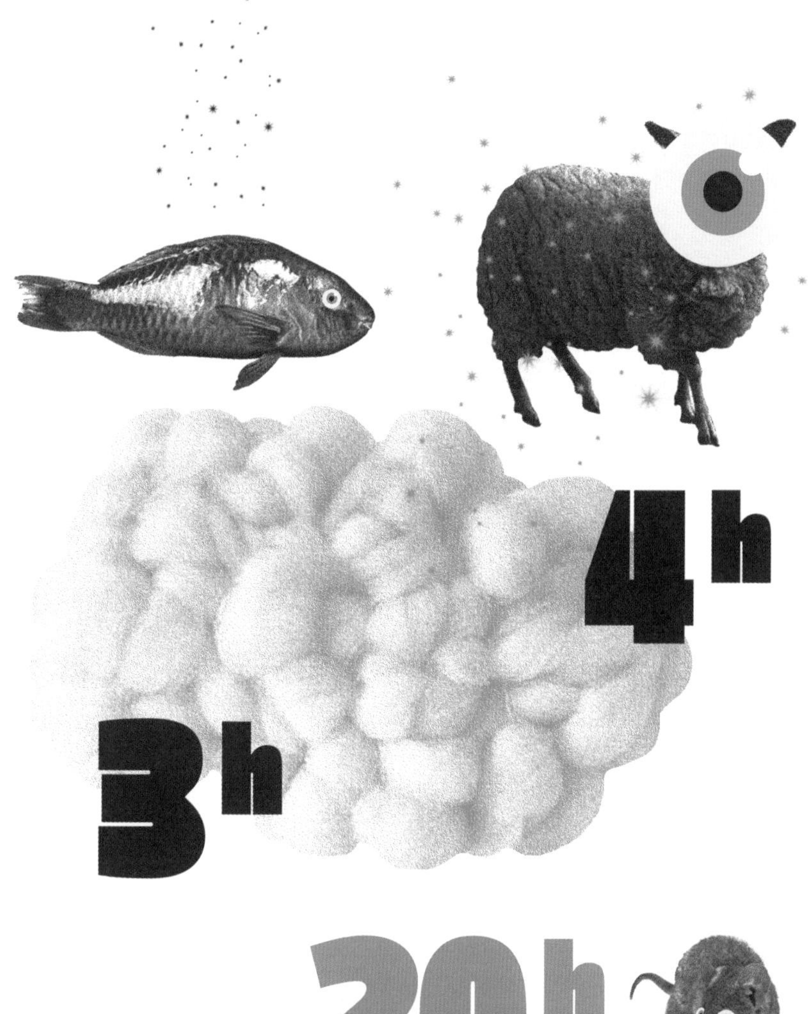
4h
3h
20h

위대한 수면
Erland Tropps 감독의
핀란드 장편영화의
최고작
HANS TITRUP
NILS VON DUCK
EUDEL BELBERG
DOV DIDERMAN
"고요하고, 느리며, 휴식을 주는 영화"
CINEMAG

JACK TENOR
DANNY JOHNSON
SHELLEY CROW
불면증
"위대한 걸작"
당신의 밤에 찾아오는 불안감…

2관

8

불면증이
나를 괴롭힐지라도

잠은 부른다고 늘 오는 것도 아니며,
애써 찾으면 되레 더 멀어져 버린다.
아침에 기분이 안 좋은 것도 다 잠 때문이다.
하지만 때로는 괜히 애먼 잠 탓을 하기도 한다.
물론, 가끔은 수면에 문제가 생기기도 한다.
항상 잠이 잘 오는 것도 아니고, 깊은 잠보다는 얕은 잠을
더 많이 자기도 한다. 하지만 이 같은 잠의 배신이
늘 우리가 생각하는 원인이나 결과인 것은 아니다.
우리는 잠을 둘러싼 거짓과 진실을 가려내고,
잠의 영향을 과장하지 말아야 한다.
밤마다 잠의 품에 다시 안기려면 정성을 다해야 한다.
몇 가지 주의를 기울이고, 몇몇 요구 사항을 들어 주고,
때에 따라 도움도 조금 받도록 한다.
잠은 그런 대접을 받을 자격이 충분하니까.

"나 잘 못 잤어." 과연 이 말을 한 번도 안 해 본 사람이 있을까? 잠들기 힘들거나 시도 때도 없이 혹은 너무 일찍 깨는 경우가 있지 않은가? 소음이나 불빛 때문도 아니고, 자고 싶은 마음이 없어서 그런 것도 아니다. 밤잠을 망치면 다음 날 틀림없이 힘들 것이라는 것도 잘 안다. 프랑스 전체 인구의 약 30%가 며칠 또는 그 이상으로 이런 일시적인 불면증을 겪는다. 그러다가 3개월 이상, 매주 3회 이상 증상이 나타나면 만성이 된다. 10명 중 1명이 이런 만성 불면증에 시달리는데, 남성보다 여성에게, 다른 건강상의 문제가 있는 사람들에게 더 많이 나타난다. 또한, 나이에 비례해서 증가하는데, 65세 이상 연령층에서는 거의 절반이 불면증을 호소한다.

이 같은 수면 장애는 단번에 사라지지 않는다. 잠을 이유 없이, 불규칙적으로 고갈되는 자원이라고 생각해서는 안 된다. 그보다는 우리의 생체 리듬과 외부의 동조화 인자에 따라 규칙적으로 열리는 수도꼭지라고 상상해야 한다.

수돗물은 순환이 잘 유지되면 그만큼 더 잘 흐른다. 도중에 장애물을 만나지 않으면 그만큼 더 신선한 물이 공급된다. 하지만 작은 조약돌들이 관을 막으면 곤란해진다. 물 흐름이 중간중간 끊어지고, 돌이 쌓이고 쌓여서 관이 영구히 막혀 버릴 것만 같다. 마찬가지로 그러다가 잠을 잃게 되는 것이다.

어떤 사람들에게는 호흡기 질환이나 류머티즘 질환, 심혈관 질환, 만성 통증이 '작은 조약돌', 즉 불면증의 원인이 된다. 수많은 퇴행성 신경 질환 역시 수면 장애를 동반한다. 마지막으로, 불면증으로 병원을 찾는 환자 가운데 절반 정도는 우울증이나 불안감과 관련이 있다. 심한 우울증 환자의 80% 이상은 잠을 잘 자지 못한다.

많은 사람이 잠을 잘 자지 못하기 때문에 우울증이 생긴다고 생각한다. 하지만 일반적으로 그 반대다. 불면증이 우울증 발병 위험 인자이기는 하지만, 우울증의 원인이기보다는 결과인 경우가 훨씬 더 많다. 불면증 환자 중에는 우울증을 앓는 경우가 정상인들보다 10배 더 많다. 우울증 환자의 경우, 거의 모두가 불면증이나 수면 과다증 같은 수면 장애가 있다.

불면증의 3대 요인

불면증의 원인과 결과를 구별하는 일은 늘 쉽지 않다. 병에 걸리는 내적 요인들이 문제를 발생시키고 유지 또는 악화시키는 다른 요인과 합쳐지기 때문이다. 이런 요인들 가운데 유전적 원인이 있다. 연구에 따르면, 가까운 혈연 관계(부모-자녀, 형제자매)와 '진짜' 쌍둥이 사이에서 불면증을 공유하는 경우가 더 많은 것으로 나타났다. 그래서 일반 가정보다 불면증 환자가 더 많은 가정이 있다. 또 성격을 이루는 요소들도 불면증의 요인 중 하나다. 불안한 성격, 우울감을 많이 느끼는 성향, 정신 질환이 있으면 대개 불면증이 함께 찾아온다.

이런 위험 요인들 외에도 불면증을 일으키는 요소들이 있다. 대개는 상실, 질병과 같은 부정적인 사건이 여기 해당한다. 이런 경우, 이른바 속발성 불면증이 일어난다. 일부 정신건강의학과 의사들은 이를 방어기제로 본다. 몸이 통제력을 회복하고 싶어 하는 것이라고 여기는 것이다. 스트레스는 입면 장애를 일으키는 많은 불안감의 근원이 된다.

잠을 못 잔다는 불안감을 가지면 불면증은 더 심해진다. 그러면 어느새 애초의 원인은 사라지고 없다. 불면증을 지속시키는 요인들이 작용하면 불면증은 만성화된다. 가령, 침대에 너무 오래 머물거나, 불면증의 영향을 과장하는 경향이 있거나, 수면과 관련해서 비현실적인 기대를 하는 경우 등이 그렇다. 이렇듯, 여러 원인, 사건, 행동이나 생각이 함께 작용하여 불면증을 지속시킨다.

주관적 불면증

간혹, 잘 못 잤다는 느낌과 실제 사이에 괴리가 생기는 경우가 있으니 주의해야 한다. 그렇다고 한숨도 못 잔다고 확신하는 사람들은 모두 불만 많고 까다로운 사람이라는 말은 아니다. 하지만 수면 기록을 살펴보면 그런 사람들 가운데 꽤 많은 경우가 최소한 양적인 측면에서는 실제로 푹 자는 것으로 드러난다. 주관적 불면증 환자 대부분은 자극 지각에 관계된 뇌 부위가 평균보다 더 활성화되어 있다. 이들은 늘 과잉 각성 상태에 있는 것과 같다. 자는 동안에도 마찬가지라서, 수면 상태에 있는 동안 지각 활동을 하는 것이다. 그래서 특히 대다수 사람은 의식하지 못하는 수면 중에 잠깐씩 발생하는 짧은 각성 상태를 기억하게 된다. 이들은 일종의 수면 지각 장애로 고통받는 것이다. 이와는 반대로, 잘 자지 않았는데도 잘 잤다고 생각하는 사람들도 있다.

이외에도 소수의 사람에게 나타나는 또 다른 형태의 불면증이 있다. 바로 특발성 불면증이다. 이 경우에는 불면증이 유년기부터 나타나고, 간혹 과잉 행동 장애, 집중력 장애, 학습 장애, 의욕 저하와 같은 다른 장애를 동반한다. 심한 경우, 객관적으로 수면 시간이 짧다. 신경 촬영을 해 보면, 이렇게 수면 시간이 짧은 불면증 환자들에게는 특징이 있다. 입면과 각성 조절에 관계된 특정 뇌 부위의 활동이 변경된 것으로 나타난다. 한 신경 전달 물질(GABA)의 농도는 거의 30%나 감소했다. 그런데 일부 신경세포의 흥분을 가라앉히는 역할을 하는 것이 바로 이 신경 전달 물질이다. 따라서 이 신경 전달 물질이 줄어들면 신경세포는 더 흥분하게 된다. 밤이 되면 체온이 떨어져야 하지만 되레 올라가고, 수면 중에 심장 박동도 더 빨라진다. 하지만 이러한 이상 증상들이 불면증 때문에 생긴 것인지, 아니면 이들이 불면증을 일으키는 것인지는 알 수 없다.

더 아름다운 밤을 위하여 잠드는 데 30분 이상 걸리거나, 자다가 자주 깨거나, 너무 일찍 깨면 피로가 쌓인다. 불면증의 원인과 결과를 구별하고 우울증이 있는지, 아니면 수면무호흡증이나 하지불안증후군 같은 생리적 문제가 있는지 알아내려면 여러 단계를 밟아야 한다.

우선, 수면 수첩을 마련해서 잠자고 깨는 시간을 기록한다. 그런 다음, 의사의 진료를 받으면서 수면과 관련된 모든 것, 증상, 생활환경, 수면 위생 등을 점검하고 낮 동안 느끼는 피로감도 평가한다. 필요하다면 야간 수면다원검사를 받아서 미처 알지 못했던 이상 증상들, 특히 호흡 이상이 있는지 확인한다. 진단이 내려지면 이에 따라 다양한 치료법을 처방받을 수 있다.

수면제는 물론 효과가 있다. 대부분은 스트레스를 감소시키고(항불안제) 각성을 차단하는(진정제) 작용을 한다. 그런데 만성 불면증 치료를 위해 멜라토닌 기반의 의약품만 3개월까지 사용할 수 있게 허가되어 있다. 반면, 벤조디아제핀이나 같은 계열의 향정신성 의약품은 최대 28일까지만 처방 가능하다. 하지만 이런 치료법에는 후유증, 의존성, 습관성이 발생할 위험이 있다.

이외에도 항히스타민제나 항우울제도 처방받을 수 있다. 불면증 치료제 대부분은 수면 구조를 변경시킨다. 일부는 얕은 서파수면을 늘리는가 하면, 일부는 깊은 서파수면을 늘린다. 항우울제는 역설수면을 줄인다. 지금도 새로운 약품 개발이 활발히 진행 중이다. 그 가운데 일부는 각성 조절에 중요한 역할을 하는 오렉신 수용체를 특별히 목표로 삼고 있는데, 이는 기존에 없었던 새로운 작용 방식이다.

이러한 약물 치료보다는 인지 행동 치료가 후유증이 덜하다. 인지 행동 치료는 나이와 상관없이 절반 정도의 환자에게서 효과를 보인다. 따라서 만성 불면증일 경우 최우선으로 권고되는 치료법이다. 이 치료법은 보통 주당 4~12회, 1회당 30~60분 걸리는 프로그램에 성실히 참여해야 효과가 나타난다. 그 과정에서 자극을 통제하고, 수면에 대한 과도한 불안감과 제대로 기능하지 않는 사고력을 확인하는 법을 배운다. 이 치료법에는 신경계의 긴장을 풀어 주고 맥박을 '느려지게' 하는 이완 기법이 사용된다. 그 결과, '뇌파의 진폭이 높아지고' 주파수가 낮아지면서 수면이 촉진된다.

수면무호흡증후군

무호흡증은 10초 이상 호흡이 중지되면서 상기도에 공기 공급이 90% 이상 감소하는 증상이다. 공기 공급이 30~90% 감소하는 경우는 저호흡증이다. 호흡이 정지되는 상태는 수십 초간 지속될 수 있다. 시간당 5회 이상 호흡이 정지되고(무호흡과 저호흡) 낮 동안 과도하게 졸리는 등의 증상이 함께 나타나면 수면무호흡증후군 진단이 내려진다. 이 질환은 무호흡 횟수가 시간당 15회까지는 경증, 15~30회는 중등도, 30회 이상은 중증으로 분류된다.

수면무호흡증을 조심하라!

일찍이 고대부터 알려졌으나 1976년 이후에야 의학적으로 정의된 수면무호흡증은 수면 관련 질환으로는 두 번째로 흔한 병이다.

수면무호흡은 불면증 원인의 5~9%를 차지한다. 코를 골면서 야간에 호흡곤란을 겪거나, 소변 때문에 밤마다 자주 일어나야 하는 경우, 잠자리가 사납거나, 악몽을 꾸거나, 불면증이 있는 경우에 위험 신호로 봐야 한다. 아침에 피로를 느끼고, 잠에서 깰 때 두통이 있고, 피로가 풀리지 않은 느낌이 들고, 과도하게 졸리고, 인지 장애, 성욕 장애가 있을 수 있다. 어린이들도 수면무호흡증을 앓을 수 있다. 코골이, 과잉 행동, 성장 중단, 성적 하락 등이 그 징후다.

남성의 6%, 여성의 4%가 수면무호흡증이 있다. 여성의 경우, 완경기 후에 많이 나타난다. 무호흡증 환자의 3분의 2 이상이 과체중이다. 유전 역시 중요한 역할을 한다. 입천장, 혀, 인두의 형태가 영향을 주기 때문이다. 인두부 연조직이 서로 붙으면 공기가 통과하지 못한다. 술이나 진정제, 똑바로 누워서 자는 자세가 무호흡증을 불러일으킨다.

호흡이 중지되면 호흡하기 위해 자다가 자주 깬다. 혈중 산소 포화도가 떨어지면 뇌에 경고 신호가 전달되기 때문이다. 무호흡 상태가 한 번 끝나면 심장 박동이 빨라지고 혈압이 상승한다. 보충하고, 호흡하고, 잠에서 깨야 하기 때문이다. 이는 몸을 위한 노력인 동시에 수면을 방해하는 행위다.

어쩌다 가끔 무호흡이 나타나는 경우는 그다지 문제가 아니다. 반면, 장기적으로 증상이 발생한다면, 고혈압, 뇌혈관 질환, 부정맥, 심근경색의 위험 요인이 된다. 그리고 다른 수면 관련 질환도 유발하거나 악화시킨다.

환자의 상태와 관련 기관의 형태에 따라 여러 치료법이 존재한다. 가장 흔히 사용되는 것이 양압기 치료법이다. 양압기는 인두가 느슨해졌다가 좁아지지 않게 방지하는 역할을 한다. 그러면 기도가 열린 상태를 유지한다. 하악전방위 장치는 아래턱을 앞으로 이동시켜서 기도를 확장한다.

이보다 더 간단한 방법은 잠자는 자세가 무호흡의 원인인 경우, 똑바로 누워 자지 못하게 하는 것이다. 인두와 혀의 근육을 강화하는 치료법과 운동법도 있다. 비만인 경우에는 어김없이 체중 감량도 권장된다.

특히 잠자지 않으면서 침대에 오래 머물거나, 낮잠을 자거나, 녹초가 되게 몸을 혹사하는 방법은 소용없을 뿐만 아니라 오히려 해롭다. 차라리 수면을 제한하는 방법이 더 낫다!

수면을 시작하거나 유지하는 데 어려움을 느끼는 사람들을 전체적으로 살펴보면, 불면증이 삶의 질을 얼마나 떨어뜨리는지 모두가 다 잘 헤아리고 있는 것은 아니다. 이들 가운데 소수만이 불면증 진단을 받고 치료한다.

그래도 우리는 얼마든지 더 잘 잘 수 있다! 불면증 치료는 효과가 있다. 단, 좋은 수면 위생(수면 건강을 위한 생활 습관-옮긴이)이 함께 이루어져야 한다.

수면을 둘러싼 선입견 6가지

어떤 특징이나 이상 증상은
자주 나타나더라도
어느 정도는 해롭지 않다.
과학과 동떨어진
잘못된 믿음 몇 가지도
함께 소개한다.

1.

코골이는 건강에 해롭다?
→ 아니다

코를 고는 이유는 인두와 연구개의 느슨해진 내벽 사이에서 공기가 진동하기 때문이다. 코골이 때문에 곤란을 겪는 경우는 많다. 코를 고는 사람들은 자신이 내는 소음 때문에 기숙사에서 지내기를 꺼리거나, 배우자와 같이 자는 경우 방해하지 않으려고 일부러 더 늦게 잠드는 등의 불편함을 감수한다. 코골이는 남녀 모두 나이가 들면서 이환율(일정 기간 안에 발생한 환자 수를 인구당 비율로 나타낸 것-옮긴이)이 높아진다. 몹시 불편한 일이다. 간혹, 코를 고는 사람들 가운데 코골이가 사는 데 작은 장애가 된다고 털어놓기도 한다. 하지만 가끔 골거나, 졸음이나 수면무호흡증이 동반되지 않는다면, 코골이는 해롭지 않다.

2.

자면서 몸을 움직이는 것은 위험하다?
→ 드물지만 그럴 수 있다

해서는 안 될 말을 잠결에 하는 것이 아니라면 잠꼬대는 전혀 위험하지 않다. 그러나 잠꼬대도 같이 나타날 수 있는 몽유병은 간혹 사고를 유발한다. 수면보행증이라고도 하는 이 증상은 일종의 해리 상태와 유사하다. 깊은 서파수면 상태에 있는데도 운동 기능이 각성 상태에 있는 것이 특징이다. 마치 뇌의 일부는 깨어 있으면서 다른 일부는 잠자고 있는 것과 같다.

드문 경우지만, 어떤 사람들은(1,000명 중 5~10명) 역설수면 중에 심하게 움직이거나 소리를 지르기도 한다. 이런 행동 장애는 50세 이후 남성들에게서 더 자주 나타난다. 자는 동안 다칠 수 있으므로 치료를 받아야 한다. 이뿐만 아니라, 이러한 장애는 일반적으로 퇴행성 신경질환의 전조 증상이다. 멜라토닌이나 벤조디아제핀 같은 의약품의 도움을 받으면 증상 발현 횟수를 줄일 수 있다. 혹시 모를 부상을 예방할 수 있게 침실을 정비하는 것이 권장된다.

이외의 수면 중 운동 현상은 매우 빈번히 발생하며 건강에 아무런 영향도 주지 않는다. 가령, 입면 시 간대성 근경련(짧게 쇼크처럼 하는 경련-옮긴이)과 경련, 살짝 움찔하는 행동, 간혹 환각이 동반되기도 한다. 어린아이들에게서는 몸통이나 골반, 머리를 규칙적으로 반복해서 움직이는 모습이 자주 관찰된다(성인에게서는 더 적게 나타난다). 드물게 부상 위험이 있는 것만 제외하면, 이런 증상은 아무 영향도 주지 않는다. 마찬가지로 치아 연삭(이갈이)도 심하지 않으면 괜찮다.

3.

하지불안증후군은 임산부에게만 나타난다?
→ 아니다

하지불안증후군은 주로 저녁에 나타난다. 대개 하지가 따끔거리거나 괴로운 경련이 일어나 불쾌한 느낌을 유발한다. 드물지만 팔에 발생하기도 한다. 쉴 때 나타나서 심해지는 반면, 움직이면 완화된다. 불면증 환자의 15%에서 나타난다. 우울증과 불안감을 일으킬 수 있고, 움직이지 않는 상태를 회피하게 만들 수 있다.

하지불안증후군에 걸리는 비율은 남성보다 여성이 더 높고, 특히 임신 기간에 많이 나타나며, 나이가 들면서 발생이 증가한다. 전체 인구의 5~10%가 하지불안증후군이 있는 것으로 추산된다. 그중 2~3%는 정도가 심해서 일주일에 2회 이상, 중등도 혹은 강한 강도로 증상이 나타난다. 40% 이상의 환자에게서 중추 신경계에 철분 부족이 발견된 만큼 철분을 보충하고, 충분히 규칙적으로 수면을 취하고, 흥분 유발 물질을 금하면 증상이 사라진다. 약물 치료도 효과가 있다.

4.

가스통 라가프(1960년대 벨기에의 유명 만화 주인공-옮긴이)는 단순한 게으름뱅이다?
→ 아니다

이 유명한 만화 주인공은 참 운도 없나 보다. 10,000명 가운데 2~3명만 앓는 병, 기면증에 걸렸으니 말이다. 기면증 환자들 대부분의 수면 시간은 정상이다. 반면 일상생활에 장애를 가져올 정도로 졸음이 심하고, 수면 잠복기가 매우 짧으며, 역설수면 단계에서 잠에 드는 경우가 많다. 이처럼 졸음이 확 몰려드는 것이 가장 주요한 증상이다.

만화 주인공 가스통은 게으름뱅이에 엄청난 잠꾸러기다. 사실 가스통은 물론, 다른 기면증 환자 누구라도 이렇게 몰려오는 졸음에는 저항하지 못한다. 짧은 낮잠을 자면, 자는 동안 꿈을 많이 꾸지만 증상은 완화된다.

혹시 가스통은 남들보다 먼저 독감에 자주 걸린 것은 아니었을까? 2009년, 유럽에서는 H1N1 독감 예방을 위해 판뎀릭스 백신 접종 캠페인을 벌인 후, 자가 면역성 기면증이 유행했다. 또한, 중국에서도 독감 후유증으로 기면증이 관찰되기도 했다. 가스통의 경우, 좋은 수면 위생이 갖춰지고, 낮잠도 자고, 심리적 지지를 받았더라면, 또 기면증 진단을 받아 장애 노동자로 인정되어 우편물 분류를 도와줄 사람이라도 있었더라면 틀림없이 잘 치료되어서 더 좋은 삶을 살았을지도 모른다. 각성제 처방까지는 아니더라도 말이다. 하지만 만약 그랬더라면 가스통 본연의 모습은 사라지고 말았을 것이다!

5.

허브차를 마시면 잠이 온다?
→ 아니다

14개 연구를 분석하여 이를 바탕으로 작성한 논문 한 편이 2015년, 〈수면 의학 리뷰Sleep Medicine Reviews〉에 발표되었다. 이 논문에서는 불면증 치료를 위해 섭취한 여러 약초는 효능이 없는 것으로 결론 내렸다. 논문에 언급된 약초로는 쥐오줌풀, 카바(뿌리로 만든 말레이시아 전통 음료), 캐모마일, 영지버섯(중국 버섯) 등이 있다. 이 논문에서 검토한 연구는 8개국에 사는 총 1,602명의 성인을 대상으로 했으며, 대부분은 불면증이 있었다. 이들 연구에서는 주로 약초를 섭취한 후의 수면 잠복기와 수면 시간, 부작용을 측정했다. 약용 식물 요법의 효과가 높지도 않았고, 가짜 약과 비교했을 때 부작용이 심하지도 않았다는 것이 결론이다. 하지만 저녁에 허브차를 마시는 것은 술을 마시는 것보다는 낫다. 술이 항불안 효과가 있어서 입면을 촉진하는 것은 맞지만, 자는 동안 자주 깨기 때문이다.

6.

저녁에 먹는 달콤한 제과는 수면을 방해한다?
→ 아니다

뉴욕의 컬럼비아 대학교에서 여성 5만 명을 대상으로 3년간 식생활에 관한 연구를 진행했다. 연구는 고도로 정제된 설탕과 불면증 사이에 연관성이 있다는 것을 전제로 했다. 실제로 인슐린 분비는 혈당 하락을 가져오고, 흥분을 유발하는 다른 호르몬들의 분비를 촉진했다. 하지만 이것만으로는 하루를 마감하며 먹는 케이크나 빵과 수면 장애 사이의 직접적인 인과 관계를 입증하지는 못했다.

어쩌면 실험 대상자들은 이미 섭식 장애와 수면 장애에 따르는 기분 장애를 앓고 있었던 것 같다. 불면증이 있는 경우, 때때로 밤에 자다가 '단 것이 당겨서' 일어나는 경향을 보였다. 분명한 것은 다른 상호작용들은 틀림없이 고려해야 하지만, 불면증 자체만으로는 식습관을 바꿔야 하는 이유가 될 수 없다는 사실이다.

Dictée

9

꿈이라는 세계

평범한 상황일 때도 있고 불가능한 상황일 때도 있다.
아는 사람들이 등장하기도 하고 모르는 사람들이 나오기도 한다.
배경이 익숙할 때도 있지만 아주 특별할 때도 있다.
고무줄처럼 마음대로 늘었다 줄었다 하는 시간 속에서 유쾌한 사건도
벌어지고 무서운 일도 생긴다….
이 모두가 밤에는 생생한 사실이었지만, 아침이 되면 꿈이다.
기억이 없으니, 자는 동안 꿈을 꾸었는지 그 누구도 확인할 수는 없다.
그저 꿈의 흔적에 만족해야 한다. 비교적 정확히 기억날 때가 있고
그렇지 않을 때도 있어서 꿈은 마치 눈 위에 남겨진 발자국처럼
금세 흐려지고 지워진다.
꿈은 왜 잠에서 깰 때 우리 의식의 표면 위에서 너울거리는 걸까?
대체 무엇을 숨기고 있는 걸까? 꿈은 수면 중 뇌의 특정 상태가 낳은
우연한 산물일까? 아니면 꿈에는 어떤 한 가지 기능, 더 나아가
여러 기능이 있는 걸까? 상상의 나래를 펼쳐볼 만한 문제들이다.

손에 잡히지 않는 꿈 꿈을 딱 하나로 정의하기란 쉽지 않다. 과학적 관점에서 보면, 자는 동안 체험하고 (말이나 글, 그림, 몸짓이나 표정 등으로 표현할 수 있는) 어떤 이야기가 될 만한 주관적인 경험이 바로 꿈이다. 꿈은 그 꿈을 꾸는 사람만이 설명할 수 있는 정신 활동의 표현물이다. 그날 밤 그가 경험한 것은 오직 그만이 안다.

그러나 어떤 순간에 얼마나 오랫동안 경험한 것인지는 모른다. 꿈속에서는 단 몇 초에 지나지 않을 수도 있고 몇 년일 수도 있으며, 행위가 일어나는 곳이 침실이나 길거리, 간혹 기이한 배경일 수도 있다. 꿈은 원하는 대로, 무엇이든 한다. 우리는 이상하다는 느낌을 간혹 받으면서도 꿈을 믿는다. 꿈에서 일어나는 일은 도저히 일어날 법하지 않는 경우가 많지만, 그럼에도 현실처럼 경험하게 된다. 꿈이 그토록 강한 감정을 불러일으키는 이유는 확실히 현실로 착각하기 때문이다. 이는 꿈을 특별하게 만드는 요인이기도 하다.

꿈을 연구하는 것도 잠 못지않게 복잡하다. 잠자는 사람이 언제, 얼마나 오랫동안 꿈을 꾸는지, 무엇을 보고 무엇을 경험하는지 알기란 불가능하다. 꿈꾸는 활동을 통제하거나 측정하거나 기록할 방법도 없기 때문에 잠자고 있는 사람이 어떤 꿈을 꾸는 동안 일어나는 뇌 활동은 검증이 어렵다. 아무리 과학자여도 잠에서 깨서 들려주는 이야기에 만족해야 한다.

꿈 가운데서는 부서지기 쉬운 작은 조각들만 남는다. 그러면 꿈꾼 사람이 이야기를 짜깁기한다. 흩어져 있는 이미지들을 모아서 꿰매고, 때로는 자기 마음대로 이야기를 다림질한다. 그 이야기가 지워져 버리기 전에 말이다. 꿈이 기억으로 오래 남는 경우는 드물다.

언제 기억할까?

일반적으로, 역설수면의 비중이 큰 수면 말기에 꾼 꿈이 비교적 잘 기억난다. 꿈이 역설수면과 연결되어 있다고 오랫동안 믿었던 이유도 부분적으로는 이 때문이다. 1950년대, 미국의 신경과학자들이 잠자는 사람들을 다양한 순간에 깨워 보았더니, 역설수면 단계에서 깨어났을 때 꿈 이야기를 풀어 놓는 경우가 훨씬 많았다.

게다가 이 수면 단계에서 나타나는 특징들은 꿈을 꾸는 데 필요한 사항들과 완벽히 일치하는 것처럼 보였다. 전신의 근육이 이완된 상태에서 빠른 안구 운동이 일어나는 것으로 보았을 때, 잠자고 있는 사람이 눈으로 어떤 장면을 살펴보고 있는 것으로 생각할 만했다. 모든 점에서 자연스럽게 잘 맞아 들어가는 듯 보였고 모든 것이 잘 연결되었다. 이런 요소들을 바탕으로 1960년대 연구자들은 역설수면과 꿈이 신경생리학적 상관관계에 있음을 확신했다.

하지만 그렇게 간단한 문제가 아니었다. 1950년대 이후 얻은

과학적 결과에 따르면, 모든 수면 단계에서 깨어날 때 꿈을 기억할 수 있다는 사실도 밝혀졌다. 서파수면만 있는 낮잠을 자고 난 다음도 마찬가지다. 서파수면 중에 꾸는 꿈 이야기에는 몇몇 분산된 생각만 담겨 있다는 선입견도 있었는데, 이것도 사실이 아닌 것으로 확인되었다. 역설수면 때 꾸는 꿈처럼 잘 만들어진 시나리오를 갖추기도 했기 때문이다. 잠들 때와 잠에서 깰 때도 각기 입면 환각(잠들 때), 출면 환각(잠에서 깰 때)이라고 불리는 꿈이 종종 동반된다. 악몽도 서파수면이나 역설수면 모두에서 꿀 수 있다. 따라서 우리는 모든 수면 단계에서 꿈을 꿀 수 있다.

하지만 잠에서 깨는 시점에 따라 꿈을 기억할 확률이 높기도 하고 낮기도 하다. 전반적으로는, 역설수면 단계일 때 평균 80% 정도는 꿈을 기억한다. 서파수면 중에 꿈에서 깨는 경우, 기억할 가능성은 50%로 낮아진다.

누가 기억할까?

꿈은 누구나 꾼다. 이것만큼은 확실하다. 반면, 꿈을 기억하는 정도는 사람마다 다르다. 전체 인구로 봤을 때 평균적으로 일주일에 한 번 꿈을 기억하지만, 개인에 따라 차이가 크다. 일주일에 4회 이상 기억하는 사람이 있는가 하면, 한 달에 고작 2회 기억하는 사람도 있다. 꿈을 많이 기억하는 사람은 역설수면 비중이 크거나 역설수면 중에 깨는 경우가 많을 것이라고 예상할 수 있겠지만, 사실은 그렇지 않다. 각 수면 단계의 비중, 수면 잠복기, 수면 단계별 이행 잠복기 등은 개인차가 없다.

유일하게 개인별 차이가 관찰되는 부분은 수면 중 각성 시간이다. 정상 수면에 내재하는 생리적 각성은 꿈을 자주 기억하는 사람일수록 각성 시간이 조금 더 길다. 이 경우, 평균 2분간 각성이 지속되는데 반해 꿈을 잘 기억하지 못하는 사람은 1분간만 지속된다. 이렇게 잠깐 깨어나는 순간들이 많을수록 그만큼 꿈을 기억할 기회가 생긴다. 잠든 뇌는 새로운 정보를 명확하게 기록할 수 없으니 말이다.

이밖에도 꿈을 기억하는 성향에 영향을 주는 요인들은 또 있다. 여성일수록, 젊을수록, 꿈에 관심이 있을수록, 꿈을 기억하는 빈도에 영향을 미친다. 노트에 꿈을 기록하는 습관을 들이는 것만으로도 기억하는 횟수를 늘릴 수 있다. 서서히 깰 때보다 갑자기 잠에서 깰 때 꿈을 기억하기 쉽다. 마지막으로 수면 단계와 상관없이, 수면 초입보다는 말기에 각성이 일어나면 꿈을 더 자주 기억할 수 있다.

그런데 꿈을 많이 기억하는 사람과 적게 기억하는 사람의 회색질에는 정말로 차이가 없을까? 임상적인 측면에서는 그렇다. 이들 각자의 뇌는 모두 잘 기능한다. 다만, 다르게 작동할 뿐이다. 가령 낮이건 밤이건, 꿈을 잘 기억하는 사람들은 측두 두정 접합부

4
일주일에 4회 이상 기억하는
사람이 있는가 하면,
한 달에 고작 2회 기억하는
사람도 있다.
2

TPJ가 더 활발하게 기능한다. 이 뇌 부위는 외부 자극에 대한 주의력과 관련되어 있다. 그래서 꿈을 잘 기억하는 사람들은 주변 환경의 자극에 더 잘 반응한다. 특히 밤에 활발히 반응하는 탓에 더 쉽게 각성을 유도하여 꿈을 기억할 기회가 더 많아지는 것으로 보인다.

꿈을 많이 기억하는 사람들은 일반적으로 더 창의적이고, 더 열린 마음으로 경험을 받아들이며, 간혹 불안감을 많이 느끼기도 하는 성격이다.

또 다른 뇌 부위인 내측 전전두엽 피질 역시 꿈을 많이 기억하는 사람의 경우 더 활성화되어 있다. 이 부위는 각성 상태에서 자신과 타인에 대해 생각하게 하는 일에 관여한다. 이 부위의 활동이 증가하면 여러 등장인물이 상호작용하는 이야기를 만들어내는 작업이 촉진될 수 있다. 이 두 가지 뇌 부위가 손상되면 꿈에 대한 기억이 제거된다.

하지만 주의력에 따라 잠자고, 기억하고, 소통하고, 상상하는 등의 능력이 더 좋아지거나 나빠지는 것은 아니라는 것이다. 차이는 성격 특성 측면에서 나타났다. 꿈을 많이 기억하는 사람들은 일반적으로 더 창의적이고, 더 열린 마음으로 경험을 받아들이며, 간혹 불안감을 많이 느끼기도 하는 성격이었다. 또한, 자신의 느낌과 감정을 더 쉽게 파악하고 설명할 수 있었다.

마치 현실처럼 다시 꿈 이야기로 돌아가자. 이 같은 '다른 현실'이 당당히 자리 잡고 있는 이유는 그것이 엄연히 존재하기 때문이다! 뇌가 언제 꿈을 꾸는지 아는 것은 불가능하다. 다만, 꿈이 뚜렷해지고 꿈꾸는 사람이 자는 동안 스스로 꿈을 꾼다고 알릴 수 있을 때는 가능하다. 이런 희귀한 경우를 연구한 덕분에, 잠자는 사람이 걷는 꿈을 꿀 때는 마치 깨어 있을 때 걷는 것처럼 1차 운동 피질이 활성화된다는 사실을 알게 되었다. 그러면 운동 명령이 전달되지만, 수면 중에는 근육에 도달하기 전에 피질 하부에서 차단된다. 그러니까 머릿속에서는 정말로 걷는 것이다. 반면, 각성 상태에서 같은 결과를 얻으려면(실제 걷지 않으면서 걷는 상상을 하려면) 피질에서 차단이 이루어진다. 그러면 운동 피질이 활성화되지 않는다.

따라서 상상과 꿈은 같은 것이 아니다. 어떤 의미에서 보면, 잠자는 사람이 꾸는 꿈은 깨어 있는 사람이 원하는 꿈과 정반대다. 깨어 있는 사람은 목이 마르거나 산 정상에 오르고 싶을 때면 큰 잔에 담긴 물이나 눈에 덮인 산꼭대기를 오르는 상상을 한다. 자신의 바람을 표현한 모습을 의도적으로 창조하는 것이다. 이와 달리 잠자는 사람은 꿈속 내용을 의식적으로 통제하지 않는다. 무엇보다도 상상하지 않는다. 문자 그대로 무언가를 하고, 지각하고, 경험하는 것이다. 뇌의 입장에서 말한다면, 꿈꾸는 일은 깨어 있는 삶을 경험하는 것만큼 실제로 존재하는 것이다.

꿈처럼 살기

1979년, 미셸 주베 박사는 고양이의 뇌에 작은 손상을 유발하여 역설수면에 나타나는 근육 이완이 일어나지 않게 했다. 그러자 잠든 상태에서 이 고양이가 움직이기 시작했다. 자기 몸을 핥기도 하고, 울음소리도 내고, 사냥감을 쫓는 행동도 하고, 씹기도 하고, 싸우는 것 같은 행동도 했다. 이런 모습은 고양이가 꿈속에서 실현하고 있는 행동일 뿐만 아니라 뇌 손상의 결과, 실제로 실현하고 있는 행동이라고도 볼 수 있다.

2001년, 이번에는 쥐를 대상으로 같은 실험이 진행되었고, 유사한 결과를 얻었다. 인간의 경우, 어떤 물질이나 질병(특히 파킨슨병)의 영향을 받으면 역설수면 중에 가끔 복합적인 운동 행위가 나타난다. 소리를 지르거나, 말하거나, 상상의 물건을 조작하는 등의 행동을 하기도 한다. 어떤 사람들은 자면서 자신이 보인 움직임을 연상시키는 꿈 이야기를 하기도 한다. 하지만 그렇다고 치밀하게 다 들어맞는 것도 아니며, 연관성도 여전히 모호하다.

좋은 꿈꾸세요 꿈의 내용은 난데없는 데서 튀어 나오는 것이 아니다. 대개는 최근의 생활이 등장하는데, 꿈꾸는 사람이 품고 있는 걱정, 최근에 느꼈던 감정의 기억뿐만 아니라 중요하지 않은 사건이나 소소한 일 등도 나타난다. 하지만 최근의 일만이 아니라 아주 오래전부터 바로 엊그제까지, 전체 인생에서 어떤 시기라도 불러낼 수 있다. 금기 사항이란 없다. 등장인물이나 장소, 경험은 대개 아는 것이지만, 기억이 원래 모습 그대로 재생되는 일은 결코 없다. 꿈은 기억을 잘게 나누고 뒤섞어서 이상하게 만든다. 이것이 바로 꿈의 가장 큰 재주다. 외상후스트레스장애가 있는 경우에만 충격의 원인이 되는 사건이 실제 그대로 꿈에 반복해서 나타난다.

꿈속 이야기가 무엇이건, 세계 어디서 꾸는 꿈이건 몇 가지 공통된 특징이 있다. 꿈에서는 다른 감각보다 유독 시각과 청각으로 많이 표현된다. 또, 꿈을 꾸는 사람이 대개 꿈속 이야기의 주인공이 된다. 주로 1인칭 시점으로 행동하고, 자신이 행동하는 모습은 거의 보이지 않는다. 사건과 시나리오는 의식적으로 선택되지 않는다. 공간, 시간, 행동에는 온갖 거짓말 같은 요소가 포함될 수 있지만, 그렇다고 해서 현실과 같다는 느낌이 변하지는 않는다.

또한 격한 감정을 느꼈다는 증언도 많다. 이 같은 특징들은 수면 중에 뇌의 특정 부위, 특히 시각 피질과 변연 피질의 활동이 증가할 때와 일치한다. 하지만 이것은 어디까지나 가설에 불과하다.

이 가설을 검증하려면, 잠자는 사람이 꿈을 꾸는 동안 뇌 활동을 측정해야만 한다. 그런데 대체 어느 순간에 꿈을 꾸는지 알 길이 없으니….

삐뽀삐뽀,
꿈이 지나갑니다!

주변 환경을 구성하는 여러 요소가 가끔 꿈속에 은근슬쩍 등장할 때가 있다. 자는 동안 허기, 갈증, 방광의 압박감과 같은 체내 자극이나 향기, 아이의 울음소리, 자명종 소리와 같은 외부 자극이 처리되어 때때로 그 당시에 꾸고 있던 꿈속에 합쳐지는 것이다. 꿈속에서 소방차가 사이렌을 울리며 지나갔는데, 알고 보니 전화벨이 울리는 소리였던 경험이 한번쯤 있지 않은가? 이런 자극은 잠에서 깰 시간이 가까울수록 꿈에 스며들 가능성이 크다. 이런 점 때문에 프로이트는 꿈을 가리켜 잠의 수호자라고 했다(우리는 잠에서 깨는 대신, 혹은 깨지 않으려고 꿈속에서 자명종 소리를 듣는 것이다). 마지막으로, 기분 전환용으로 쓰이는 약한 마약이나 의약품(수면제, 항우울제)은 꿈의 내용이나 꿈에 대한 기억에 영향을 미친다.

그렇다면 잠을 자는 사람의 의지는 어떻게 된 걸까? 틀림없이 누구나 한 번쯤은 꿈속에서 사랑하는 사람을 만나거나 소중한 장소에 가는 멋진 꿈을 꾸고 싶다는 생각을 했을 것이다. 그런 꿈을

BOOK
OF
DREAMS

꾸겠다고 마음을 먹고 자리에 누운 다음, 호기롭게 꿈나라로 출발!

하지만 일은 생각대로 돌아가지 않는다. 물론, 자고 있는 사람이 스스로 꿈을 꾸는 것이라고 의식하는 꿈은 분명 존재한다. 이른바 자각몽이라고 부르는데, 이런 꿈은 드물다. 어떤 경우에는 자각몽을 꾸는 사람이 꿈속 시나리오의 일부를 통제하기도 한다. 그는 실제 삶을 재현한 일종의 시뮬레이터를 조종하는 핸들을 손에 쥐고 있는 셈이다. 재미있게 즐기고, 배우고, 발전하고, 창조하고, 문제를 해결하고, 상처를 치료하는 등의 일을 모두 할 수 있으니 자각몽은 참으로 매력적이다. 그래서 어떤 사람들은 훈련 기법을 발휘해서 자각몽을 많이 꾸고 꿈에 대한 통제력도 높이려고 노력한다. 주로 캐나다의 심리생리학자 스티븐 라버지가 제안한 훈련법이 사용된다.

하지만 이 훈련 기법의 일환으로 각성 상태에서 현실 테스트도 하고 수면 말기에 자주 깨다 보면, 수면 시간이 감소하고 수면 구조가 무너져 버린다. 그러면 기억력과 주의력, 기분 등에 부정적인 결과를 가져올 수 있다.

꿈은 무슨 기능을 할까? 이 질문에 대해서 아직 속 시원한 답은 나오지 않았다. 마치 깨어 있는 듯한 착각을 불러일으키는 이 잠의 산물은 과연 어떤 적응적

이점을 갖고 있을까? 현실계의 규칙을 산산조각으로 만들면서 현실을 모의로 흉내 내는 이유는 무엇일까? 대체 왜 익숙한 요소와 미지의 요소를 뒤섞고, 오래된 일과 최근의 일을 혼합하며, 중요하지 않은 것과 생생한 감정을 한데 섞어 버리는 걸까? 수면의 기능이 무엇인지 아직 완전히 파악되지 않은 현재, 꿈의 기능은 과학기술의 영역 밖에서 여전히 풀리지 않은 숙제로 남아 있다.

이처럼 온통 수수께끼 투성이인 탓에 꿈을 둘러싼 추측만 난무한다. 심지어 꿈에는 아무 기능도 없다는 주장까지 등장했다. 그렇다면 꿈은 명확한 적응적 이점이 없는, 부수적인 현상이 된다. 즉, 자는 동안 머릿속에 등장하는 우연한 이미지에 의미를 부여하려는 시도에 불과한 셈이다. 이렇게 생각하면 꿈꿀 맛이 떨어진다.

이밖에도 여러 가설이 제기되었지만, 결정적인 과학적 논거를 제시한 경우는 아직 없다. 가장 최근에 나온 가설 가운데 하나는 핀란드의 인지신경과학자 안티 레본수오의 가설이다. 그는 꿈이 '총 리허설' 역할을 한다고 본다. 그에 따르면, 꿈은 여러 상황을 모의 실험하여 우리가 잠에서 깼을 때 더 높은 능률을 올리도록 해 주는 역할을 한다고 한다. 또 꿈이 자는 동안 기억을 강화하는 데 일조한다고 주장한다.

마지막으로, 또 하나의 유망한 가설은 꿈이 감정 조절에 관여한다는 것이다. 꿈이 이런 기능을 한다는 주장은 여러 관찰 결과가 뒷받침하고 있다. 먼저, 꿈은 감정적 기억과 자주 합쳐진다. 그리고 꿈으로 나타난 기억, 즉 기억의 꿈 버전에서는 현실에서 경험한 실제 버전과 비교했을 때 감정의 강도가 완화된다. 마치 꿈이 정서가 밖으로 나타나는 것을 늦추고 부정적인 감정이건 긍정적인 감정이건, 강렬한 감정을 소화하는 것 같다.

"꿈은 발자국 못지않게 실질적인 흔적을 남긴다."

-조르주 뒤비

프랑스의 역사학자 조르주 뒤비는 "꿈은 발자국 못지않게 실질적인 흔적을 남긴다"고 했다. 그는 역사적 사실뿐만 아니라 옛사람들의 정신에도 관심이 많았다. 잠자는 사람의 뇌 안에서는 꿈이 만들어지고, 그 결과로 뇌 활동은 흔적을 남긴다. 그러므로 우리가 기억하건 못하건, 꿈은 확실히 발자취를 남기며, 깨어 있는 우리 현재의 일부를 이루는 것이 틀림없다.

프로이트와 신경 과학, 과연 조화로울 수 있을까?

리옹 신경과학연구센터 연구원 페린 뤼비와의 대담

지그문트 프로이트에 따르면, 꿈은 무의식을 표현하기 가장 좋은 장소라고 합니다. 신경 과학자들은 이런 가설을 어떻게 생각하십니까?

프로이트는 개인이 어떤 욕망이나 감정, 무의식적인 표현을 인식하게 되면 위험에 처할 수 있다고 생각했습니다. 그런데 꿈은 왜곡 작업을 통해 이런 욕망이나 감정, 무의식적인 표현을 드러내고 이들에 생명을 불어넣으면서도 꿈을 꾸는 사람의 의식은 위협하지 않습니다. 그래서 꿈에는 난해한 이미지나 사실 같지 않은 이야기가 나오는 것이죠. 달리 말하면, 프로이트는 꿈을 개인의 알려지지 않은 중요한 한 측면으로 통하는 길이라고 보았습니다. 이 측면이야말로 우리 각자를 유일무이한 한 사람으로 만드는 것이죠. 프로이트의 이런 가설은 꿈에 중요성과 의미를 부여하는 만큼, 매우 매력적으로 들립니다. 하지만 인지 신경 과학계에서는 프로이트의 연구를 비과학적이라 여기기 때문에 이 가설을 인정한 적이 없습니다.

그런 결정은 번복될 가능성이 없습니까?

아뇨, 저는 번복되었으면 해요! 프로이트의 연구나 더 일반적으로는 정신 분석학에 관심이 있는 신경 과학자들도 상당수 있답니다. 특히 2000년에는 신경 과학과 정신 분석학, 이 두 분야의 거리를 좁히기 위해 남아프리카공화국의 신경 과학자 마크 솜즈 교수가 신경정신분석학회를 설립했습니다. 설립된 지 20년이 넘은 만큼, 이 학회는 어느 정도 성과를 거두었다고 봅니다.

제가 속한 실험실에서 진행한 한 연구 결과, 어떤 사건의 실제 버전보다 꿈 버전에서 감정의 강도가 약하다는 사실이 밝혀졌습니다. 깨어 있는 삶에서 겪는 사건을 꿈 덕분에 맥락에서 분리해서 다른 기억들과 뒤섞고 소화시켜서 무장 해제시키듯 말이죠. 이 연구 결과는 꿈에 대한 프로이트의 시각과 함께 성립할 수 있습니다. 정신 분석학과 신경 과학이 융합할 수 있음을 보여 주는 좋은 사례입니다.

프로이트의 주장이 신경 과학자들의 관찰 결과와 함께 성립하는 것은 불가능하지 않습니까?

마크 솜즈 교수에 따르면 그렇지 않습니다. 그보다 앞서 많은 신경 과학자가 주장했던 것과는 달리, 그는 프로이트의 모든 주장이 현재 뇌 과학 차원에서 수면 중 꿈속에서 느끼는 감정에 관해 알고 있는 내용과 동시에 성립된다고 주장합니다. 그는 역설수면 통제 메커니즘이 꿈의 발현을 촉진하지만, 꿈을 통제하는 것은 도파민에 의해 활성화되는 뇌 메커니즘, 특히 측두 전두 접합부와 내측 전전두엽 피질이라고 주장합니다.

그렇다면 신경 과학과 정신 분석학 사이에 상호 보완 관계가 성립될 수 있을까요?

그렇습니다. 그것이 바로 제가 요구하고, 주장하고, 장려하는 바랍니다. 꿈 이야기의 내용은 내적·외적 요인의 지배를 받습니다. 하지만 우리는 이들 요인을 전부 알지는 못합니다. 특히 실제 경험한 사건을 선별하는 규칙이 무엇인지 모릅니다. 이런 유형의 문제는 정신분석학에서 밝혀 주거나 새로운 접근 방식을 제시해 줄 수 있습니다. 개인적·주관적 측면, 실험 대상의 실제 경험, 실험 대상에게 의미 있는 것에 대한 개념, 실제 경험한 사건에 대한 무의식적 기억 등은 인지 신경 과학에서는 접근하지 않는 영역이니까요. 이런 측면들을 신경 과학 연구에 접목하면 인간의 정신적·신경 생리학적 기능을 파악할 가능성이 반드시 커질 것입니다.

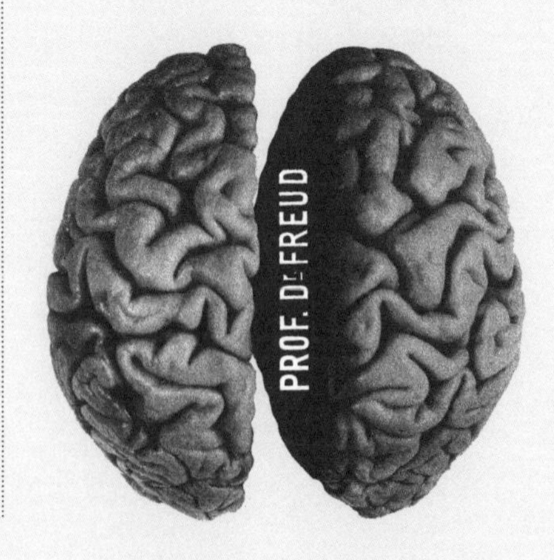

꿈처럼 살기

2020년 봄, 코로나 격리 기간은 어떤 사람들에게는 자신의 수면을 '새롭게 들여다보고' 자신이 꾸는 꿈에 더 많은 관심을 기울이는 계기가 된 것 같다. 또한, 수면 부채를 안고 있었던 사람들은 이 기간에 자명종 울리는 시간을 늦추거나 아예 자명종을 사용하지 않은 덕분에 생활 리듬이 달라지면서 더 많은 시간을 수면에 할애할 수도 있었다.

하지만 이런 장점이 생체 리듬 측면에서 되레 너무 큰 차이를 가져오기도 했다. 특히 어린이와 청소년의 경우, 아침에 잠에서 깨기 더 힘들어했다. 한편, 자신의 생리적 욕구에 맞게 리듬이 회복된 사람들이 있는가 하면, 잠들기 더 어렵고 더 자주 깨게 된 사람들도 있었다.

격리 시작 후 2주가 지났을 때 1,000명을 대상으로 설문 조사를 진행한 결과, 성인의 74%가 수면 장애를 호소했다. 이 가운데 절반은 새로 수면 문제가 생겼거나 상태가 더 나빠진 것 같다고 응답했다. 격리의 영향으로 피로감이 증가한 것 외에도 이 상황에 대한 불안감이 생기고, 낮 동안의 활동이 감소하고, 수면-각성 리듬이 붕괴하고, 간혹 생체 리듬과의 격차도 벌어지는 결과가 생겼다.

코로나라는 보건 위기 상황은 꿈에도 영향을 미친 것으로 보인다. 리옹 신경과학연구소(CNRL)의 조사 결과, 많은 이들이 예전보다 꿈을 더 많이 기억하는 것으로 나타났다. 자는 동안 더 자주 깨고—이는 꿈에 대한 기억을 촉진한다— 감정의 강도도 더 높아진 것이 두 가지 주요한 이유다.

꿈의 내용 역시 격리의 영향을 받은 것으로 보인다. 이번 조사 참가자들의 응답에 따르면 두 가지 성향의 꿈을 주로 꾸었다고 한다. 하나는 코로나, 병원, 질식, 무력감으로 점철된 꿈이고, 다른 하나는 축제, 자유, 타인의 존재감이 드러나는 꿈 또는 야한 꿈이라고 한다.

으른 자들
에게 돈을
피로를
사면하라
모두에게
베개를
자기는 잠잘 때가 제일 예뻐
잠은
자본주의의 적
내 침대
만세
자유,
평등, 잠
♡나의 사랑
침대
불을
꺼라
더 많은
잠을 달라
내 침대
만세
소비를 멈추고
잠자라!
ZZZZ
불을
꺼라
불을 꺼라
자명종을 폭파하라
무수면 노동자
내가 꿈꾸는
침대!
꿀잠자게 좀 도와줘!

10

잠을 가로막는 사회

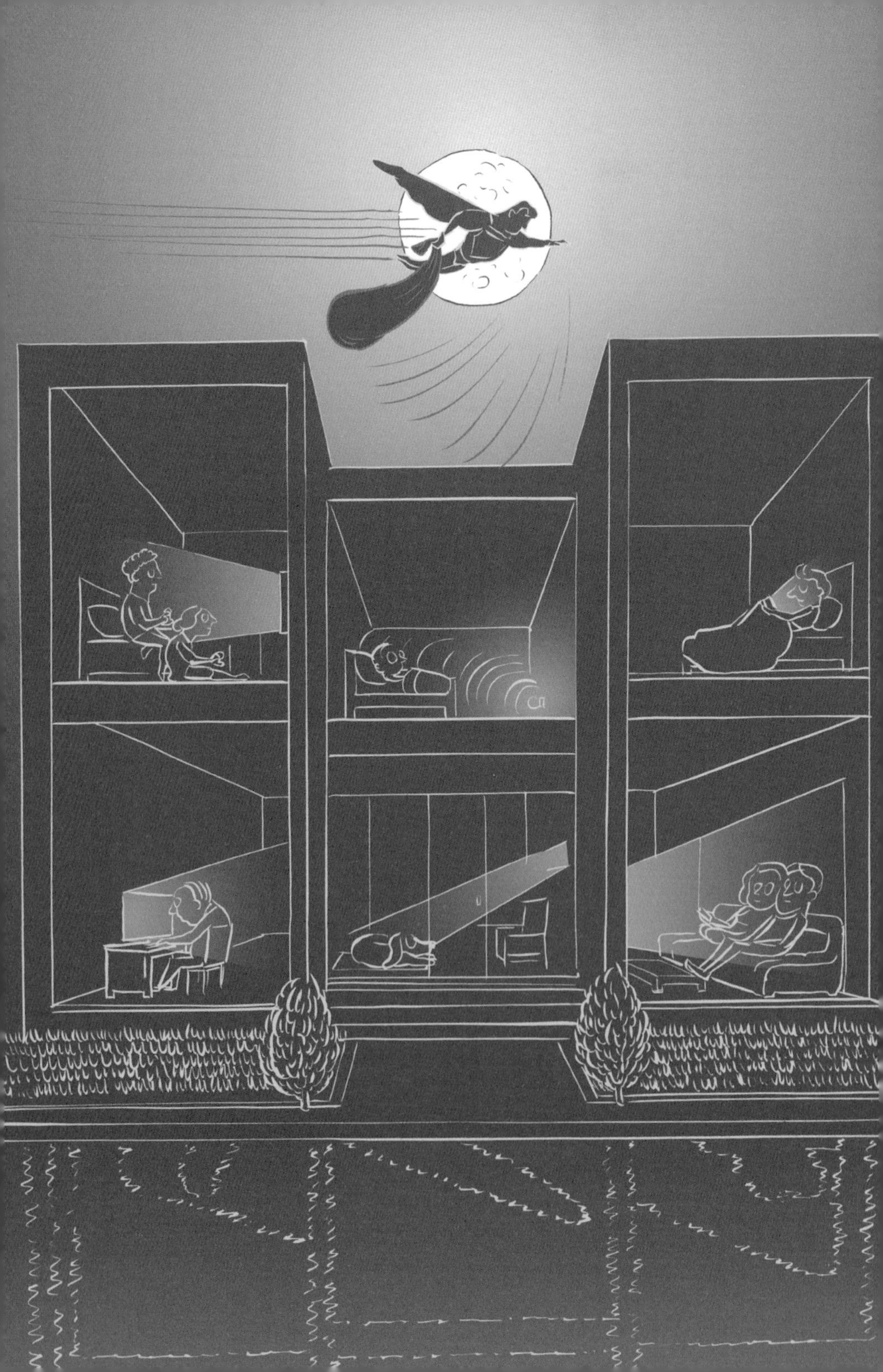

현대인은 늘 시간에 쫓기고, 깨어 있는 경우도 너무 많다.
그러다 보니 수면 시간은 줄었다. 하루는 24시간밖에 안 되고
인생은 짧은데 시간은 카운트다운하듯 점점 흘러간다.
상황이 이러한데, 명확한 이유도 밝혀지지 않은 채 이 귀하디귀한
시간을 3분의 1씩이나 독점하려 드는 잠은 달갑지 않다.
결국 무제한으로 조명을 밝히게 된다!
그러면 수면은 어긋나다가 다시 불안정하게 조정된다.
사회는 밤을 낮처럼 여기고, 속도를 높이고,
시간표를 빽빽하게 잡으면서 성과를 북돋는다.
이제 각성 시간을 늘리기 위한 전쟁이 시작되었다.
이에 맞서는 잠이 지닌 무기라고는 단 하나다.
잠은 (아직까지는) 없어도 되는 사치품이 아니라는 사실!

줄어든 수면 시간 하룻밤에 7시간 미만. 프랑스인들의 평일 평균 수면 시간이다. 프랑스 국립 각성·수면 연구소에 따르면, 이 수치가 7시간 선 아래로 떨어진 것이 2008년부터라고 한다. 50년 만에 수면 시간이 1시간 이상 감소한 것이다. 현재, 자신에게 필요한 수면 양보다 적게 자는 사람이 무려 전체 인구의 4분의 1 이상이다. 이쯤 되면 잠의 완패라 할 수 있지 않을까?

프랑스 공중 보건청도 2019년 3월, 보고서에서 경종을 울렸다. "브라질에서 일본, 미국에서 중국, 유럽에서 호주에 이르기까지 전 세계 모든 곳이 같은 상황이다. 잠을 적게 자서 수면 부채에 시달리는 사람들의 비율이 계속 증가하고 있다. 삶의 속도가 빨라지고 있는 지금, 누구나 단 한 순간도 끊어지지 않고 세상과 연결되기를 바란다. 이런 상황에서 잠자는 시간은 부차적인 선택 시간처럼 보일 수 있다. 실제로 수면은 여가와 노동과 매일 벌이는 경쟁에서 뒤처지고 있다."

잠의 2대 주적으로 지목된 것은 여가와 노동이다. 먼저, 노동부터 살펴보자. "너는 흙에서 나왔으니 흙으로 돌아갈 때까지 얼굴에 땀을 흘려야 양식을 먹을 수 있으리라." 창세기에 나온 하느님의 명령이다. 하지만 이 원죄의 무게는 사람에 따라 달랐다. 백성은 고되게 일하며 살았던 반면, 권력자와 부유층은 빈둥빈둥 놀면서 사냥이나 운동, 여행, 예술 등에 몰두했다. 물론, 모두가 항상 마음껏 잤던 것은 아니다. 양측 다 남들보다 적게 자는 사람들이 있었지만, 이유는 달랐다.

이런 상황은 1830년까지 계속되었다. 노동자는 매일 15~17시간씩 일하느라 잠이나 오락을 즐길 시간이 거의 없었다. 그러다가 1831년, 그리고 뒤이어 1834년에 역사상 최초의 노동자 혁명, 즉 카뉘canut 혁명이 일어났다. 카뉘는 리옹의 견직물 공장 직공을 말하는데, 이들은 교육을 받았다는 특징이 있다. 이들은 "일하며 자유롭게 살지 못할 바에는 싸우다 죽자!"라는 구호를 외치며 최저 임금을 요구했지만, 자유 시간을 더 달라는 요구는 하지 않았다.

산업화한 세상에서 여가와 수면은 우선시되지 않는다. "인간은 망하는 한이 있더라도 언제나 기계의 속도를 따라야 하며, 번영을 위해 기계는 절대 멈추어서는 안 됩니다. 이것이 바로 경제학이 원하는 바입니다." 역사학자 피에르 피에라르에 따르면, 제2제정 시대에 한 공장주가 공장 감독관에게 했던 발언이라고 한다. 당시 상황이 이러한데 노동 시간 감축이 노사 투쟁의 대상이 된다는 것은 어림도 없는 일이었다.

1936년, 드디어 인민전선Front Populaire 정부가 주 40시간 노동제를 도입한다. 하지만 전후 시대에는 거의 허울만 유지되었다. 이후 노동 시간은 1968년에서 2003년 사이에 두 차례의 굵직한 감축이 이루어지면서 약 25% 줄어들었다. 첫 번째 감축은 1982년에 39시간 노동제와 연간 5주 유급 휴가제가 채택되면서, 두 번째 감

내 인생의 잠

21세기 초인 현재, 유럽인의 평균 기대 수명은 70만 시간이다. 이 가운데 평생 일하는 데 할애하는 시간은 전체의 10%인 7만 시간이며, 교육에 할애하는 시간은 3만 시간, 수면 시간은 20만 시간이다. 그 결과, 살면서 40만 시간의 자유 시간을 누리는 것으로 추산된다. 반면, 20세기 초의 평균 기대 수명은 50만 시간이었다. 그중 20만 시간은 노동 시간, 20만 시간은 수면 시간이었으니, 고작 10만 시간 안에서 그 외의 활동을 하며 살았다.

축은 1998년과 2000년에 35시간 노동을 보장한 오브리Aubry 법이 도입되며 이루어졌다. 그러나 2003년부터는 노동 시간을 줄이는 방향으로 흘러가던 분위기가 역전된다. 35시간 노동제가 완화되고, 노동 시간을 늘려야 한다는 담론이 힘을 얻으며, 은퇴 연령이 늦춰지면서 나타난 결과다.

과도한 여가 활동?

하지만 일하느라 잠을 못 잔다는 것은 어디까지나 핑계다. 2018년, 전체 정규직 노동자의 평균 주간 근무 시간이 다시 40.5시간으로 증가했다고는 하지만, 이것만으로는 지난 수십 년간의 수면 시간 감소 이유가 설명되지는 않는다. 실제로 노동 시간만이 아니라 자유 시간 역시 상당히 증가했다는 것에 의심의 여지가 없기 때문이다. 현재 21세기에는 1인당 평생 평균 40만 시간의 자유 시간을 누린다고 하는데, 이는 20세기 초와 비교했을 때 4배나 더 많은 시간이다. 이는 사회학자 장 비아르가 계산한 결과다.

자, 이제 프랑스 공중 보건청 보고서에서 지목한 수면의 2대 주적 가운데 나머지 하나인 '여가'를 살펴볼 차례다. 먼저, 여가라는 용어의 정의에 대해 합의부터 해야 한다. 현재의 '여가 문명'은 1960년대에 사회학자 조프르 뒤마즈디에가 예상했던 것과는 사뭇 다르다. 그는 자유 시간을 인류의 자아실현을 위한 만남과 교류, 문화의 시간으로 생각했다. 하지만 오늘날의 여가는 대부분 자아실현이라는 야망이 빠져 있는 심심풀이 시간으로 요약된다.

그렇다면 왜 이런 역설이 생긴 걸까? 불과 1세기 만에, 아무것에도 구속되지 않는 자유 시간은 상당히 많이 증가했다. 기술의 진보 덕분에 청소, 빨래, 식사 준비 등 몇몇 가사 노동에 할애하던 시간을 절약할 수 있게 되었다. 교통수단도 더 많아지고 더 빨라졌다. 통신도 즉시 이루어졌다. 하지만 자유 시간이 느는데도 더는 자유 시간이 없다는 느낌이 든다. 그러면서 수면 시간은 점점 줄어든다.

파란 스크린을 보며
하얗게 지새우는 우리의 밤

왜냐면 2대 주적 말고 새로운 적이 무대 한가운데 등장했기 때문이다. 막강한 힘을 지닌 그것은 바로 스마트 기기다! 오늘날, 우리는 하루 평균 5시간 이상 스마트폰에 시선을 빼앗긴다. 이 정도면 중독이라고 부를 수도 있지 않을까? 청소년들에게 자신들이 올린 SNS 사진에 '좋아요'가 많이 달린 것을 보여 주면 술을 마셨을 때와 똑같은 보상 회로가 활성화된다.

스마트폰이라는 이 마법의 거울 앞에서는 애착 인형도, 잠의 요정도 아무런 힘을 쓰지 못한다. 어린아이들은 빨리 자란다. 이제 이들은 이불 밑에서 손전등을 비추며 책을 읽는 대신, 스마트폰을 들여다보고 또 들여다본다. 영화 한 편 보여 달라고 부탁하거나 가족과 대화하는 대신, 잽싸게 자기 방에 들어가서 작은 화면으로 동영상을 보거나 친구들과 메시지를 주고받느라 여념이 없다.

가공할 만한 '여유 시간' 사냥꾼이자 수면 시간의 강력한 경쟁자로 급부상한 스마트 기기는 한마디로 수면의 적이다. 하지만 정말로 스마트 기기가 불면의 주범으로 몰려야 할까? 과연 스마트 기기가 그 모든 원흉이란 말인가?

아니다. 이 기술 장비는 오히려 현대 사회에 내재하는 열병의 증상이라고 봐야 한다. 밤이 되어도 맥박이 더 빨리, 더 세게 뛰고, 좀처럼 속도를 늦추지 않는 사회. 마치 인공호흡 보조 장치처럼 이런 시스템의 생명을 유지시키는 것은 여가와 노동, '빨리빨리'와

'더 많이'를 추구하는 문화다.

어서 서둘러! 테이크아웃 음식, 패스트푸드, 즉석 만남으로 운명의 상대 만나기 또는 일자리 구하기, 개인용·업무용 메신저, SNS, 온라인 마케팅 경쟁, 거침없고 직접적인 감정 우선시하기 등등. 그야말로 빠르게 돌아가는 인생, 패스트-라이프fast-life다! 이제 기다림은 견딜 수 없는 것이 되어 버린 세상이다. 인터넷 사이트 접속에 5초 이상 시간이 걸리면 그 사이트 접속자 수는 30%가 감소한다고 한다. 자칫 꾸물거리면 신뢰를 잃기 십상이다. 회사원들, 특히 간부급 직원들 가운데 언제든 호출 가능한 사람은 좋은 평판을 얻는다. 업무 시간과 개인 시간의 구분이 없어지는 셈이다. 무엇보다 재택 근무도 가능해졌다! 최소한의 짬만 생겨도 스마트폰을 집어 들고 게임이나 SNS를 하거나 사진을 찍는다. 이렇게 잘게 쪼개진 자유 시간을 산산이 흩어 보내고, 사람들은 자기를 위한 시간이 없어졌다고 불평한다.

노동 시간의 경우, 시간 자체가 감소한 것은 맞지만 그 대신 예전보다 노동 강도는 높아졌다. 2015년, 프랑스 회사원 가운데 4분의 1이 거의 한시도 쉬지 않고 높은 업무 강도로 일한다고 대답했다. 이 가운데 29%는 '매우 엄격하고 짧은 시한' 안에 업무를 마쳐야 한다고 했다. 교통수단이 발달해도 이들에게는 별 도움이 되지 않았다. 이동 횟수가 늘었고, 이동 거리도 늘어났으며, 도심 교통체증이 심해진 탓이다. 1976년 이후로 프랑스 대도시에서 평균 출퇴근 시간은 여전히 지방의 경우 1시간, 파리 근교 주민의 경우 1시간 30분이라고 한다. 우리나라의 경우, 수도권 직장인들의 평균 출퇴근 시간은 2022년 기준 평균 110분에 달한다.

이제 밤은 밤이 아니다 이 사회의 맥박은 더 빨리, 더 세게 뛰기만 하는 것이 아니다. 이제는 밤이 되어도 맥박이 좀처럼 진정될 기미를 보이지 않는다. 이는 절대 우연이 아니다. 인류가 적대적인 어둠에서 해방되고 싶어 한 것은 이미 오래전부터다. 19세기 중반에는 심지어 광장마다 등대를 설치해서 파리를 해가 지지 않는 도시로 만들 생각도 했다. 그 당시 프랑스의 낭만주의 문학가 테오필 고티에는 이런 아이디어가 큰 도움이 될 것으로 생각했다. "그렇게 되면 사람들은 거의 잠을 자지 않을 것이다. 잠이라고 불리는 이 간헐적인 죽음 속에서 삶을 잊을 필요가 없어질 것이다."

이런 생각의 연장선에서 일부 만국 박람회 참가자들이 '태양 기둥'이라는 거대한 전기 등대를 파리 중앙에 세워 반경 5km 전 지역을 훤히 밝히자는 기획을 제안했다. 천만다행으로, 에펠탑이

"자니?"

2019년 프랑스 국립 각성·수면 연구소에서 MGEN(프랑스 국가교육 공제조합)과 공동 실시한 조사에 따르면, 프랑스인 90%가 퇴근 후 귀가하면 인터넷이나 SNS를 하고 44%는 잠들기 전 침대에서 스마트 기기를 사용한다고 한다. 이들 가운데 20%는 손 닿는 곳에 스마트폰을 두고 자면서, 대개 "자니?"로 시작하는 SMS(90%가 확인한다고 함)에 "응, 근데 괜찮아. 말해."라는 답을 보낸다고 한다(79%가 즉시 응답한다고 함). 이렇게 되면 스마트폰 불빛에 영향을 받는 것 외에도, '보초를 서면서 자는 셈'이 된다. 수면은 세상으로부터 떨어져 있는 시간이 되어야 하는데, 이런 수면의 목적과도 어긋나게 되는 것이다.

스티브 잡스는 자녀에게 아이패드를 주지 않는다

2010년, "자녀들도 아이패드를 좋아하나요?"라는 질문을 받은 스티브 잡스는 자녀들이 아이패드를 한 번도 사용한 적이 없다고 대답했다. 실리콘밸리의 많은 CEO가 스마트 기기의 부정적인 효과를 충분히 인식하고 있는 탓에, 자녀는 컴퓨터와 태블릿보다 연필과 종이를 선호하는 학교에 보낸다. 프랑스에서 3.5~6.5세의 아동 167명을 대상으로 한 연구 결과도 이를 입증한다. 연구 결과, 아침에 학교 가기 전에 스크린에 노출되는 아이들은 일차적 언어 장애가 생길 위험이 3배 더 높은 것으로 나타났다. 더욱이, 화면으로 보는 콘텐츠가 대화거리가 되지 않을 경우, 그 위험은 6배나 더 높다고 한다.

입법 공백

수면권은 인권 선언에도, 헌법에도, 법률로도 보장되어 있지 않다. 다만, 1946년 10월 27일 프랑스 헌법 서문에 다음과 같이 모호하게 휴식권이 언급되어 있을 뿐이다. "국가는 모두에게, 특히 어린이와 어머니, 노령 근로자에게 건강과 물질적 안전, 휴식, 여가를 보장한다." 그런데 여기서 말하는 휴식의 개념은 수면을 보장하기보다는 노동을 제한하기 위한 것이다.

반면, 소음은 공공보건법과 환경법에서 규제 대상이다. 세계보건기구 유럽사무소에서 제시한 '가이드 라인'에 따르면, 야간에 발생하는 45dB—사람 목소리 또는 세탁기 소음에 해당하는 강도—이상의 소음은 수면에 악영향을 미친다고 한다.

법조문에 수면이 언급된 경우는 중국에서 찾아볼 수 있다. 마오쩌둥이 집권했던 시절인 1949년, 중화인민공화국은 노동자의 낮잠권을 헌법에 명문화하면서 필요한 시설이 확충되어 있어야 한다고 규정했다. 이는 노동자의 생산성을 유지하기 위한 것이었다. 지금도 이 조항은 여전히 유효하다. 오늘날, 중국인들은 서양인들보다 더 많이 일하고, 일찍 잠자리에 들며, 정오에 15~30분 낮잠을 자고, 하루 평균 9시간 수면을 취한다.

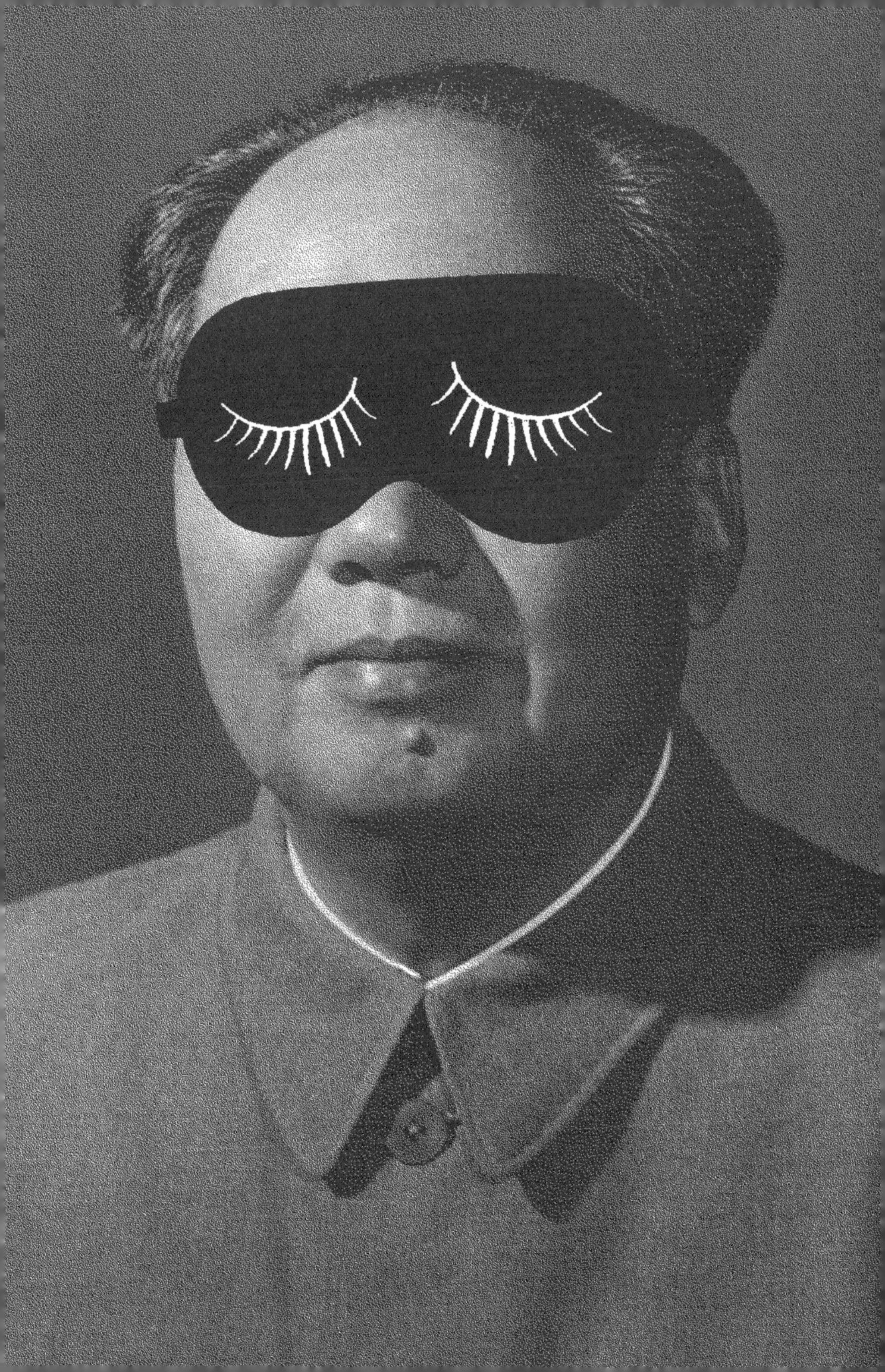

SUPER
DODO
SAND

심사 위원단의 선택을 받았다.

그런데 이런 등대와는 성질이 다른 등대들이 야행성인 사람들을 끌어모으고 있다. 외출하고, 운동하고, 활동하고, 이동하고, 24시간 내내 또는 최대한 늦게까지 쇼핑하고…. 한마디로 상업주의가 지배하는 시장이다. 하지만 밤을 낮으로 만들어 '역동적인' 국가를 만들어야 한다는 생각에 사로잡힌 정치인들에게 이런 사회는 더없는 자랑거리다.

누군가가 선택한 이런 행복한 철야의 시간은 다른 누군가에게는 감내해야 하는 불행한 철야의 시간이다. 2000년대 초부터 신규 야간 근로직이 생기면서 치안, 보건, 운송, 외식 산업 분야의 기존 근로자 집단이 커지고 있다. 2012년, ANSES(국립 식품·환경·노동 보건안전기구)에 따르면, 350만 명이 이에 해당한다고 한다. 2016년에 발표한 야간 근로 보고서에서 ANSES는 해당 근로자들에게 수면 장애와 대사 질환 발생 위험, 발암 위험, 심혈관 질환과 정신 질환 발생 위험이 있는 것을 확인했다. 하나같이 우려스러운 질환들이다. ANSES는 같은 보고서에서 "사회적 유용성이나 경제활동의 연속성을 보장할 필요가 있는 상황에서는 야간 근로가 정당화될 수 있다"고 평가하면서도, 그에 따른 파급 효과를 최소화하기 위해 업무 조직을 최적화하도록 권고한다. 이런 상황에 대한 처방은 이것이 전부다.

잠을 모르는 슈퍼맨 신화 수면은 과연 업무의 질에 어떤 영향을 미칠까? 고위직 임원들이 새벽에서야 장시간의 협상을 타결하면서 "몸은 녹초지만 마음은 가볍다"라고 한다면, 이들이 내린 결정에 대해 조금 걱정이 된다. 그러나 이런 장시간의 밤샘 작업은 오히려 경탄의 대상이 된다. 세상과 미래는 일찍 일어나는 사람들의 몫이 된다. 그리고 그 가운데 더 많은 부분이 늦게 자거나 잠을 거의 자지 않는 사람들의 몫이 된다. 잠을 안 자도 되는 것이 마치 영광인양 여겨진다. 위대한 인물과 위대한 예술가라면 대개는 잠을 무시할 수 있다는 생각이 집단 무의식 속에 깔려 있는 것이다. 프랑스의 소설가 루이-페르디낭 셀린도 말했다. "내가 만약 잠을 늘 잘 잤다면 아마 난 단 한 줄도 쓰지 못했을 것이다."

친구들과의 만남, 축제, TV 드라마, 눈을 뗄 수 없어서 한 장만 더 하면서 계속 읽는 책, 그리고 무엇보다도 침대 머리맡에서 떡하니 대기 중인 스마트폰. 수면욕을 억제하고 싶은 유혹은 멀리 있지 않다. 청소년의 경우, 특히 더 그렇다.

학교도 규칙적인 생활 리듬을 왜곡하기는 마찬가지다. 계절에 따라 산으로 관광 가는 것이 균형 있게 방학을 분배하는 것보다 더 중요하다. 특히나 프랑스 초등학생들은 수요일마다 학교에 가지 않는데, 그 외의 다른 날은 시간 분배를 다시 하지 않고 똑같이 끝난다. 청소년은 아침잠이 많은 것이 정상인데도, 중학교와 고

대표적인 야근 근로자, 응급의학과 의료진

병원의 응급의학과에서는 야간 근무, 또는 24시간 연속 근무를 포함해서 주당 70시간 일하는 경우가 드물지 않다. 당연히 이 시간 동안 반응 능력을 내내 최상의 상태로 유지하기란 불가능하다.

많은 연구에서 이로 인한 폐해를 지적한다. 의료 사고 발생뿐만 아니라 의료진의 우울증, 심지어 자살 위험도 커진다. 2016년, 뇌 신경 분야 저명 학술지 〈대뇌피질 Cerebral Cortex〉에 실린 한 논문에 영국 의사 4명에게서 '과로로 인한 건망증'이 나타났다는 내용이 소개되었다. 이들은 밤새 탈진할 정도로 근무한 뒤, 간밤에 자신이 어떤 행동을 했는지 기억을 완전히 잃었다고 한다.

등학교는 아침 일찍 등교한다. 마지막으로, 수면은 공공 보건 지표 중에서 여전히 가장 냉대를 받고 있다. 병원에 갈 때마다 소지해야 하는 보건 수첩에는 몸무게, 키, 식생활 항목은 있지만, 수면은 빠져 있다. 또한, 의사 양성 과정에서도 수면에 관한 교육은 거의 이루어지지 않고 있다.

잠은 시간 낭비?

2013년에 출간한 역작《24/7 잠의 종말》에서 조너선 크레리는 이렇게 말했다. "우리 인생에서 이처럼 막대한 시간을 잠으로 보내면서 인위적인 욕구의 수렁에서 벗어나는 것이야말로 인류가 현대 자본주의의 탐욕에 가할 수 있는 가장 치욕적인 타격 가운데 하나다."

빨라진 리듬, 다양한 활동, 빛과 화면은 소비, 가속화, 수행 능력, 24시간 연결을 지향하는 사회 모형에서 점점 존재감을 높이는 동맹군과 같다. 인간은 이런 끊임없는 흐름 속으로 휘말려 들어간다. 이런 상황에서 '세상과 동떨어져서' 시간만 잡아먹는 비생산적인 잠을 고운 눈으로 보는 경우는 거의 없다. 어떻게 해서든 잠을 제거하려고 애쓸 정도다.

그 예로, 2000년대 초에 미국 국방부는 흰목참새 연구에 막대한 투자를 쏟아부었다. 이 새가 나는 원리 중 공기 역학에서 영감을 받은 것인데, 사실 미래의 전투기를 개발하려고 투자한 것이 아니었다. 그 대신 이 새가 어떻게 이동 기간에 잠을 자지 않고 버티는지 파악하려는 것이 목적이었다. 실제로 흰목참새는 밤에는 날고 낮에는 먹이를 먹으면서 7일간 잠을 자지 않을 수 있다. 그래서 이 비결을 알아내면 상시로 작전을 수행하는 전투원을 양성할 수 있을 것으로 본 것이다.

조너선 크레리는 이렇게 덧붙였다. "국방부의 이런 노력은 인간의 수면을 최소한 부분적으로라도 통제하려는 더 광범위한 프로젝트 가운데 일부에 불과하다. 잠자지 않는 병사는 잠자지 않는 노동자나 소비자의 등장을 예고하는 듯 보인다. 제약사들이 공격적으로 판촉하는 '잠을 쫓는' 각성제는 처음에는 단순히 하나의 생활 방식을 선택하는 것으로 소개되었다가 결국에는 많은 이들에게 필수품이 되고 말 것이다."

해야 할 일이 쌓여 있는 근로자들, 시험 기간의 학생들, 게임 마니아, 상시로 주가를 확인하는 개미 투자자들, 싼값에 득템하는 것에 열광하는 소비자들, 강박적인 SNS 이용자들, 스트레스에 치이는 관리자급 회사원들, 열정적인 창의성이 넘치는 예술가들…. 이처럼 각성제를 판매하는 제약사들의 잠재적 고객은 헤아릴 수 없을 정도로 많다. 그리고 제품 또한 무수히 많다.

잠자지 않는 병사는 잠자지 않는 노동자나 소비자의 등장을 예고하는 듯 보인다.

과연 앞으로도 잠이 버텨낼까?

조너선 크레리는 다음과 같이 지적했다. "이 분야에서 이루어지는 이 모든 과학적 연구 노력에도 불구하고, 잠은 끈질기게도 잘 버텨내고 있다. 그래서 잠을 이용하거나 조작하려는 전략은 여전히 좌절되고 있다." 하지만 과연 앞으로도 잘 버텨낼까? 크레리는 이어서 이렇게 말했다. "가장 사적이고, 가장 취약하면서도, 누구나 공유하는 상태인 잠. 잠이 유지되느냐 하는 문제는 근본적으로 사회에 달려 있다." 잠을 보호하는 사회를 조성하는 것은 오로지 우리 선택에 달려 있다.

그러나 수면은 없어도 되는 사치품이 아니다

약국에만 가 봐도 잠을 조작하려는 제안이 얼마나 많은지 실감할 수 있다. 경쟁이 치열한 사회 분위기 속에서, 도핑이 효과가 있다는 믿음 때문에 실제 도핑 행위가 일반화하는 추세다. 스포츠계에서는 도핑을 배척하고 있지만, 프랑스 국립보건의학연구소의 연구 결과, 의대생 가운데 3분의 1은 자유롭게 판매되고 있는 정신자극제를 처방받거나 불법적인 방법으로 구입해서 복용하고 있는 것으로 나타났다. 카페인이나 비타민C를 함유한 에너지 음료와 흥분제는 '정신을 번쩍 들게' 하고 수면 리듬에 영향을 줄 수 있다. 마약 중에는 암페타민과 환각제가 혼합된 엑스터시가 피로감을 없앤다.

많은 연구소에서 각성제 추적 연구는 계속 진행되고 있다. 프랑스 연구자들이 개발한 모다피닐은 몇몇 질병에 효과적으로 사용되는 약물이다. 그런 만큼 군대에서도 이 약물에 주목하여, 1991년 걸프전 당시 프랑스 병사들에게 광범위하게 처방했다.

하지만 이 약물의 장기적 효과가 알려지지 않았다는 이유로, 2008년부터는 '위급하거나 사활이 달린 상황'에만 사용하도록 제한하고 있다. 하지만 이 약물이 인터넷에서 버젓이 팔리고 있는 만큼, 평화 시에 '파이터들'이 복용하지 못하게 말리는 것은 불가능하다. 오히려 이 약물만큼이나 흥분을 일으키는 다른 의약품을 개발하는 연구가 계속되고 있다!

시장에서는 수면을 새로운 수익 창출 분야로 보고 있다. 수면을 억제하는 흥분제건, 수면을 유도하는 수면제건 다 마찬가지다. 어쩌면 이미 사회는 기지를 발휘해 사회가 받는 타격을 해소할 새로운 기적의 제품을 제시하고 있다고 자부할 지도 모른다. 자기계발, '자연 친화적' 건강 유지, 긴장 완화 등이 숙면의 비법으로 팔리고 있다. 부유층에서는 짓밟힌 영토를 되찾듯 불면에서 회복하기 위해 매진 중이다. 한때 우리는 수면을 가리켜, 없어도 사는 데 지장 없는 사치품으로 여겼다. 이제 잠은 다시 사치품이 되어가는 것 같다. 다만, 실제로 그 누구도 없으면 살 수 없는 사치품 말이다.

참고 문헌

Jonathan Coe, 《La Maison du sommeil》, Medicis, 1998.

Jonathan Crary, 《Le Capitalisme a l'assaut du sommeil》, La Decouverte, 2016.

Marie Thirion et Marie-Josephe Challamel, 《Le Sommeil, le Reve et l'Enfant》, Albin Michel, 2011.

Michel Jouvet, 《Le Sommeil et le Reve》, Odile Jacob, 1992.

Scipion Du Pleix, 《Les Causes de la veille et du sommeil, des songes, et de la vie et de la mort》, 1559-1661.